明·朱橚撰

救荒本草（一）

中國書店

詳校官原任侍講臣王燕緒

臣紀昀覆勘

欽定四庫全書　子部四

救荒本草　農家類

提要

臣等謹案救荒本草八卷明周王朱橚撰橚明太祖第五子洪武十一年封十四年就藩開封建文時廢徙雲南成祖復其爵洪熙元年薨謚曰定明史本傳稱橚好學能詞賦嘗作元宮詞百章以國土夷曠庶草蕃廡考核

其可佐饑饉者四百餘種繪圖上之即是書
也李時珍本草綱目以此書及普濟方俱云
洪武初周憲王著考憲王有燉於仁宗初始
嗣封其說殊誤是編為嘉靖乙卯陸東所重
刊每卷又分為前後共成四卷其見諸舊本
草者一百三十八種新增者二百七十六種
皆詳核可據前有東自序亦稱周憲王著蓋
當時以親藩貴重刊書皆不題名故輾轉傳

訛有所不免今特為糾正焉乾隆四十九年

十一月恭校上

總纂官臣紀昀臣陸錫熊臣孫士毅

總校官臣陸費墀

救荒本草序

救荒本草二卷周憲王所著永樂間刻於汴嘉靖初汴人李僉憲川甫再刻於山西皆久不傳川甫嘗以佳本遺余余知魏屬歲大侵乃謀重刻之於乎為政者至以草木救荒亦可悲矣既不能使無荒又不能備乃教民剥樹掘芽甲以茍旦夕生良亦媿罪甚矣雖然天生物無非以養人者詩人陟彼南山言采蕨薇彼汾沮洳言采其莫邠俗最厚農最豫而鬱薁葵蔬瓜壺苴荼咸所

常食蓋古人不必荒歲野草木恒不廢采矣後世賤五
穀矣矧荑稗類寧見收耶明哲以為惜此救荒本草所
由作也若曰平時棄之猶冀其荒歲資之也此仁人之
用心也漢龔遂治渤海勸民種榆口一樹諸葛武侯所
止必令士種蕪菁皆以備之也唐天寶中三川饑人多
采野葛山芋而食固救之云爾是則救荒本草必不可
廢也余媿罪之餘刻此以貽吾民非敢恃此而忘備也
若其無荒則幸有聖人之政吾民無復慮矣倘取是書

觀之若詩人陟南山若汾沮洳若邠人不必荒歲不廢
采焉則勤厚之風起節儉之俗成庶無負天之所以養
人者哉野菜譜一卷得之魏人申職方儀卿附刻之時
甲寅春三月十日明年乙卯秋八月朔序汴人陸柬

欽定四庫全書

救荒本草卷一

明 朱橚 撰

草部

葉可食

刺薊菜

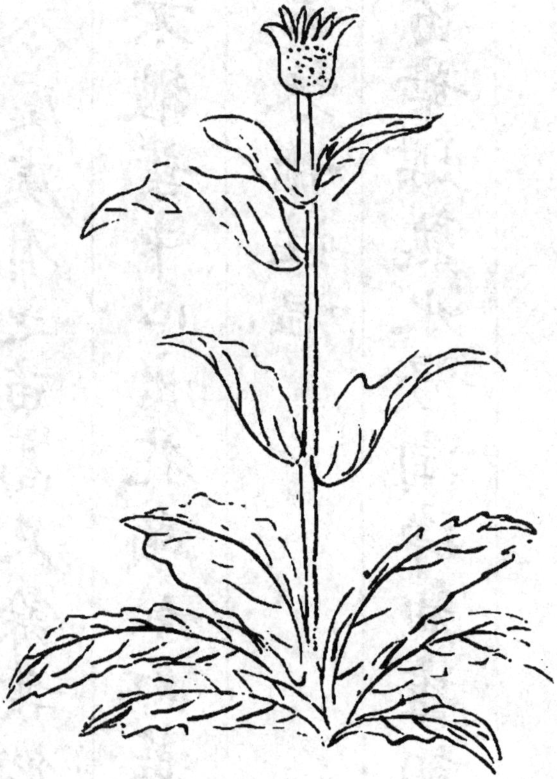

刺薊菜本草名小薊俗名青刺薊北人呼為千針草出

冀州生平澤中今處處有之苗高尺餘葉似苦苣葉莖

葉皆有刺而葉不皺葉中心出花頭如紅藍花而青紫

色性涼無毒一云味甘性溫

救飢採嫩苗葉煠熟水浸淘淨油鹽調食甚美除

風熱

治病文具本草草部大小薊條下

大薊

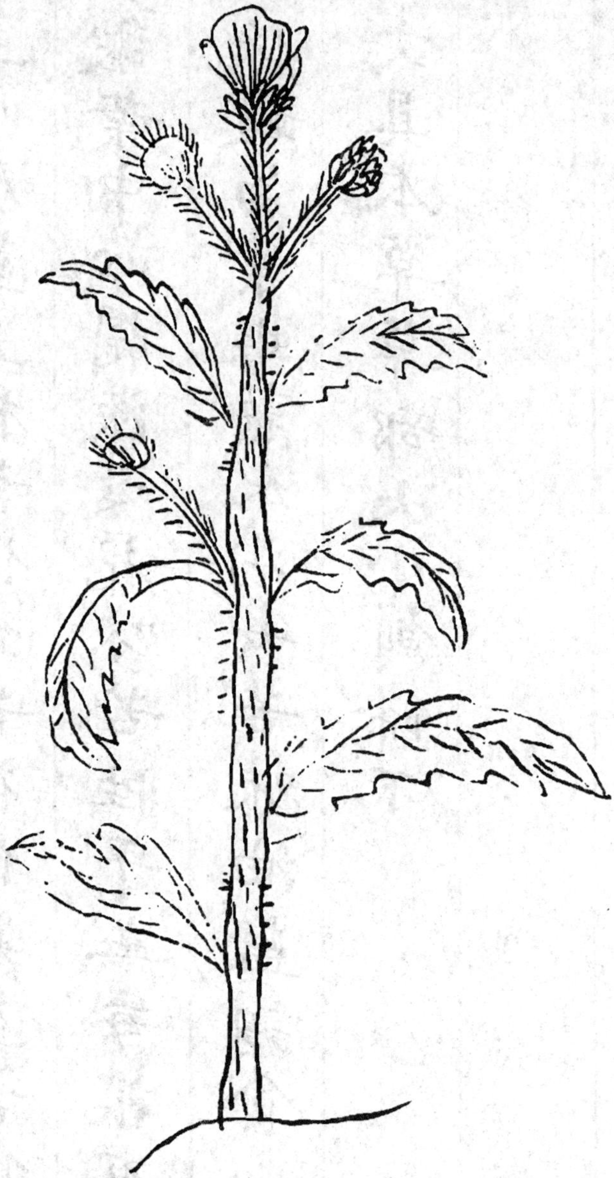

大薊　舊不著所出州土云生山谷中今鄭州山野間亦有之苗高三四尺莖五稜葉似大苦花似菜莖葉俱多刺其葉多皺葉中心開淡紫花味苦性平無毒根有毒

救飢採嫩苗葉煠熟水淘去苦味油塩調食

治病文具本草草部大小薊條下

山莧菜

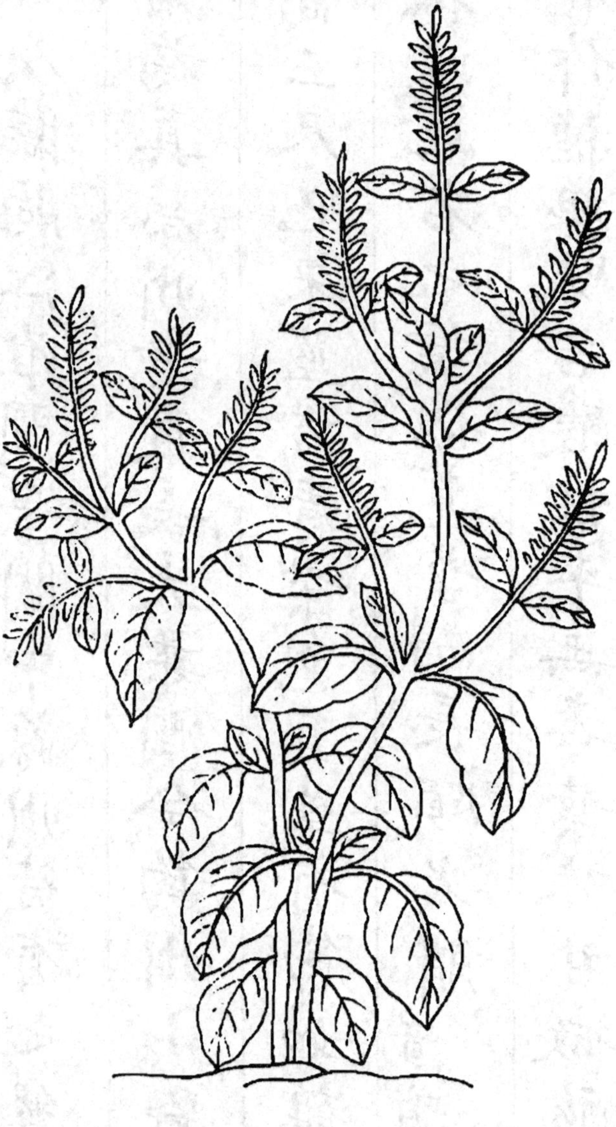

山莧菜本草名牛膝一名百倍俗名脚斯蹬又名對節菜生河内川谷及臨朐江淮閩粤關中蘇州皆有之然皆不及懷州者為真蔡州者最長大柔潤今鈞州山野中亦有之苗高三尺已来莖方青紫色其莖有節如鶴膝又如牛膝狀以此名之葉似莧葉而長頗尖艄音哨葉皆對生開花作穗根味苦酸性平無毒葉味甘微酸惡螢火陸英龜甲畏白前

救飢採苗葉煠熟水浸去酸味淘盡油塩調食

治病文具本草草部牛膝條下

款冬花

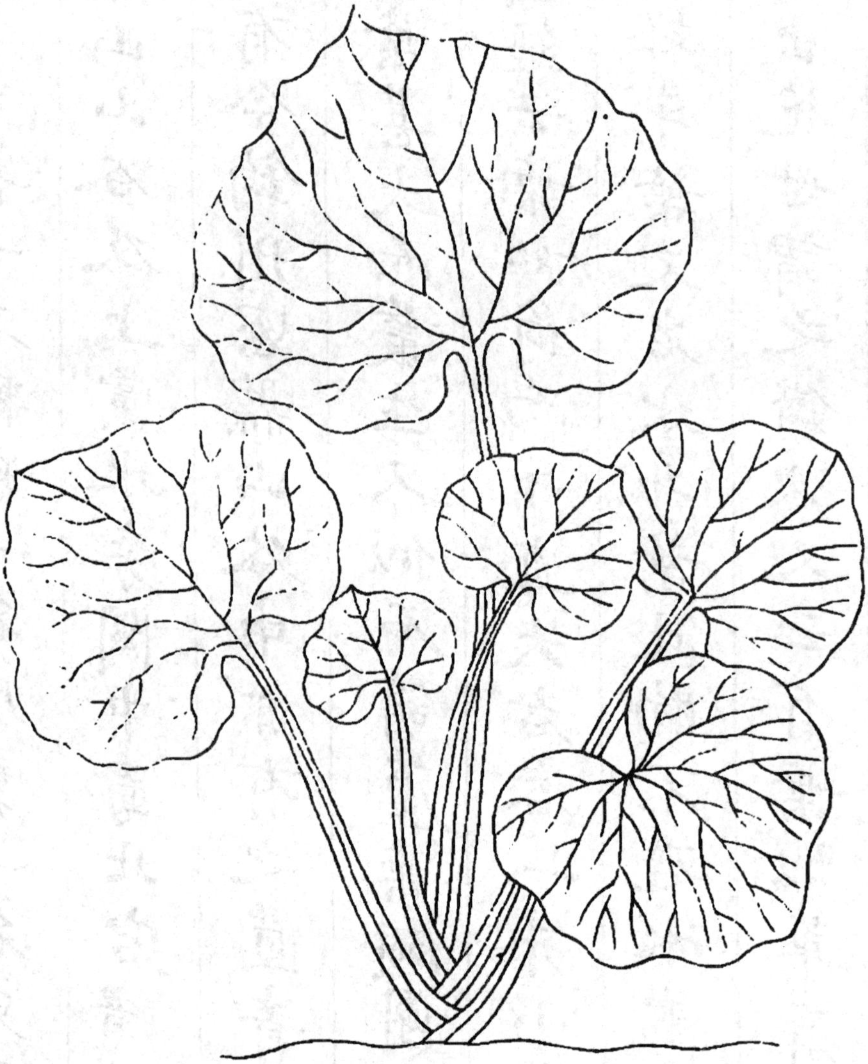

欵冬花一名橐音托吾一名顆東一名虎鬚一名兔奚一名氐冬生常山山谷及上黨水旁關中蜀北宕音蕩昌秦州雄州皆有今鈞州密縣山谷中亦有之莖青微帶紫色葉似葵葉甚大而叢生又似石葫蘆葉頗團開黄花根紫色圖經云葉如荷而斗直大者容一升小者容數合俗呼為蜂斗葉又名水斗葉此物不避冰雪最先春前生雪中出花世謂之鑚凍又云有葉似萆薢開黄花青紫萼去土一二寸初出如菊花萼通直而肥實

無子陶隱居所謂出高麗百濟者近此類也其葉味苦
花味辛甘性温無毒杏仁為之使得紫苑良惡皂莢硝
石元參貝母畏辛夷麻黃黃芩黃連青葙
救飢採嫩葉煠熟水浸淘去苦味油鹽調食
治病文具本草草部條下

萹蓄

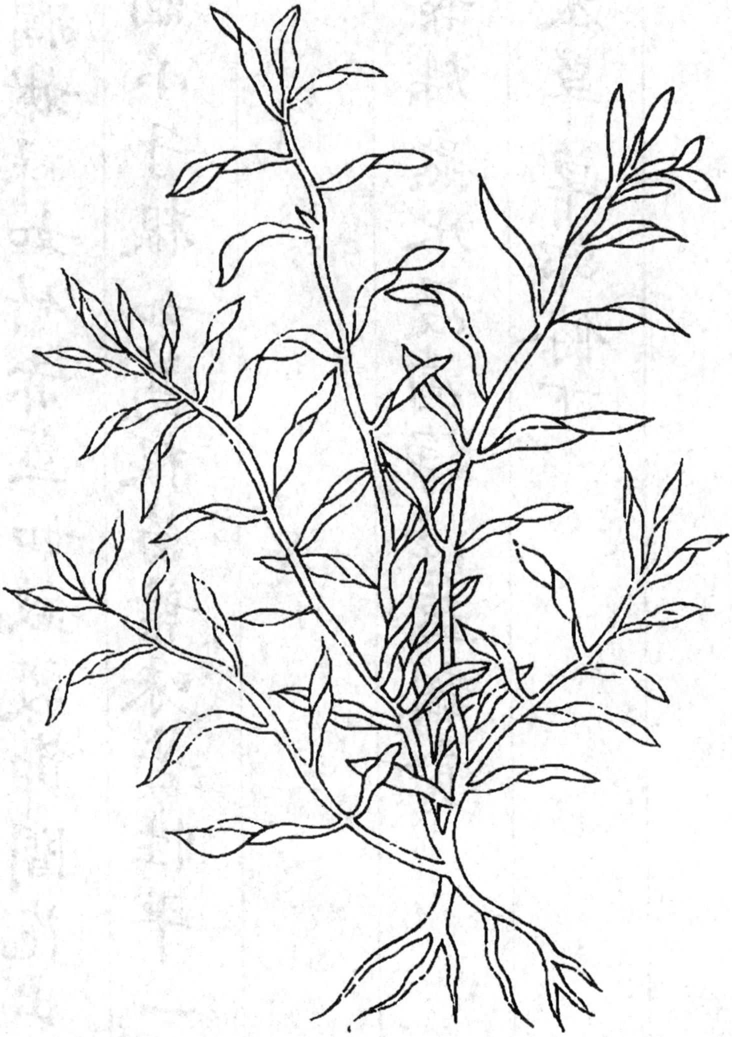

萹蓄亦名萹竹生東萊山谷今在處有之布地生道傍苗似石竹葉微濶嫩緑如竹赤莖如釵股節間花出甚細淡桃紅色細細小子根如蒿根苗葉味苦性平一云味甘無毒

救飢採苗葉煠熟水浸淘淨油塩調食

治病文具本草草部條下

大藍

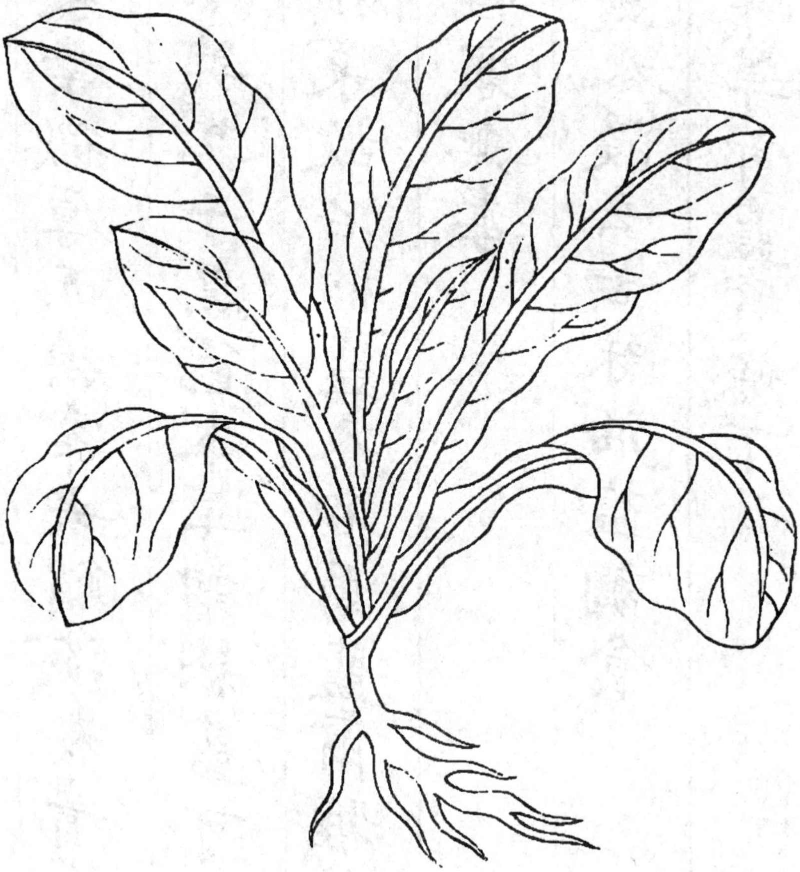

大藍生河内平澤今處處有之人家園圃中多種苗高約有尺餘葉類白菜葉微厚而狭窄尖艄淡粉青色莖叉稍間開黄花結小莢其子黑色本草謂菘藍可以為澱染青以其葉似菘菜故名菘藍又名馬藍爾雅所謂葴馬藍是也味苦性寒無毒

救飢　採葉煠熟水浸去苦味油塩調食

治病　文具本草草部藍實條下

石竹子

石竹子本草名瞿麥一名巨句麥一名大菊一名大蘭又名杜母草燕麥蘥音藥麥生太山川谷今處處有之苗高一尺已來葉似獨掃葉而尖小又似小竹葉而細窄莖亦有節稍間開花紅白而結蒴內有小黑味苦辛性寒無毒蘘草牡丹為之惡螵蛸

救飢採嫩苗葉煠熟水浸淘淨油鹽調食

治病文具本草草部瞿麥條下

紅花菜

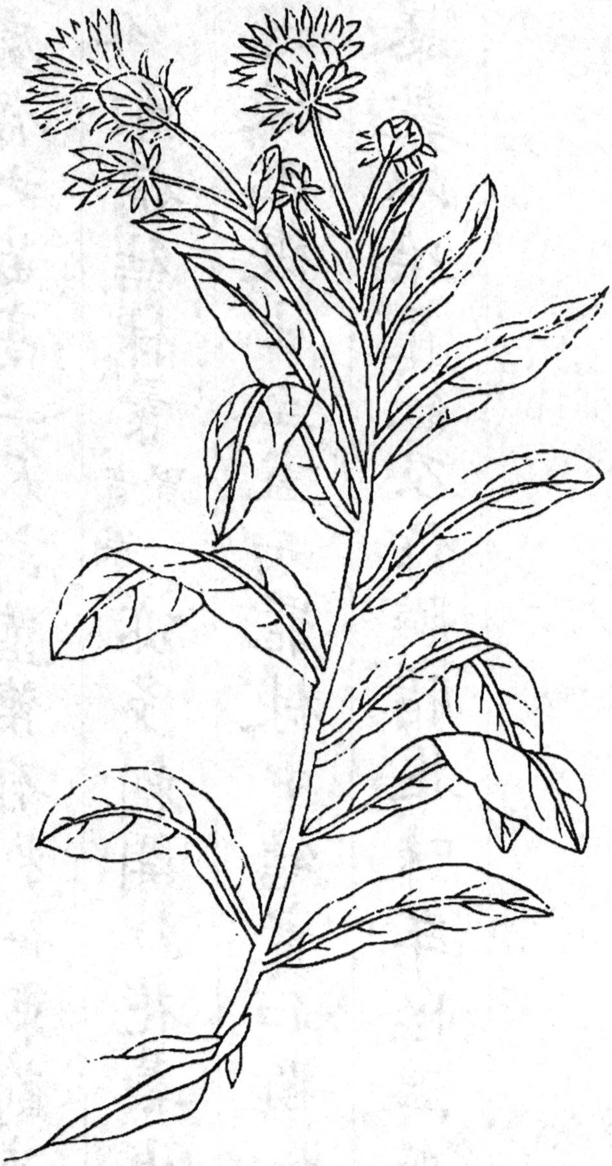

紅花菜本草名紅藍花一名黄藍出梁漢及西域滄魏
亦種之今處處有之苗高二尺許莖葉有刺似刺薊葉
而潤澤窊五化切面稍結梂彙音求胃亦多刺開紅花蘂出
梂上圃人採之採已復出至盡而罷梂中結實如顆如
小豆大其花暴乾以染真紅及作臙脂花味辛性温無
毒葉味甘

救飢採嫩葉煠熟油鹽調食子可笮音乍作油用

治病文具本草草部紅藍花條下

萱草花

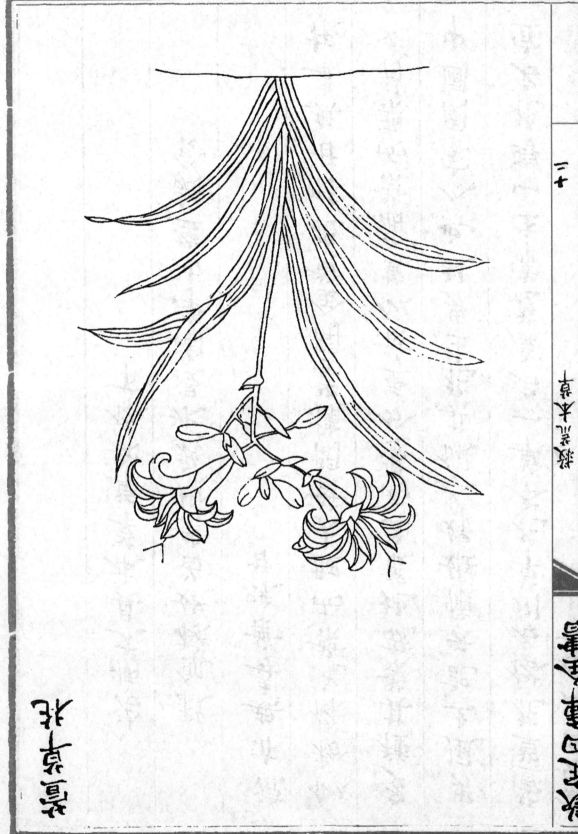

萱草花俗名川草花本草一名鹿葱常生山野花名宜男風土記云懷姙婦人佩其花生男故也人家園圃中多種其葉就地叢生兩邊分垂葉似菖蒲葉而柔弱又似粉條兒葉而肥大葉間攛葶開金黄花味甘無毒根涼亦無毒葉味甘

救飢採嫩苗葉煠熟水浸淘淨油塩調食

治病文具本草草部條下

車輪菜

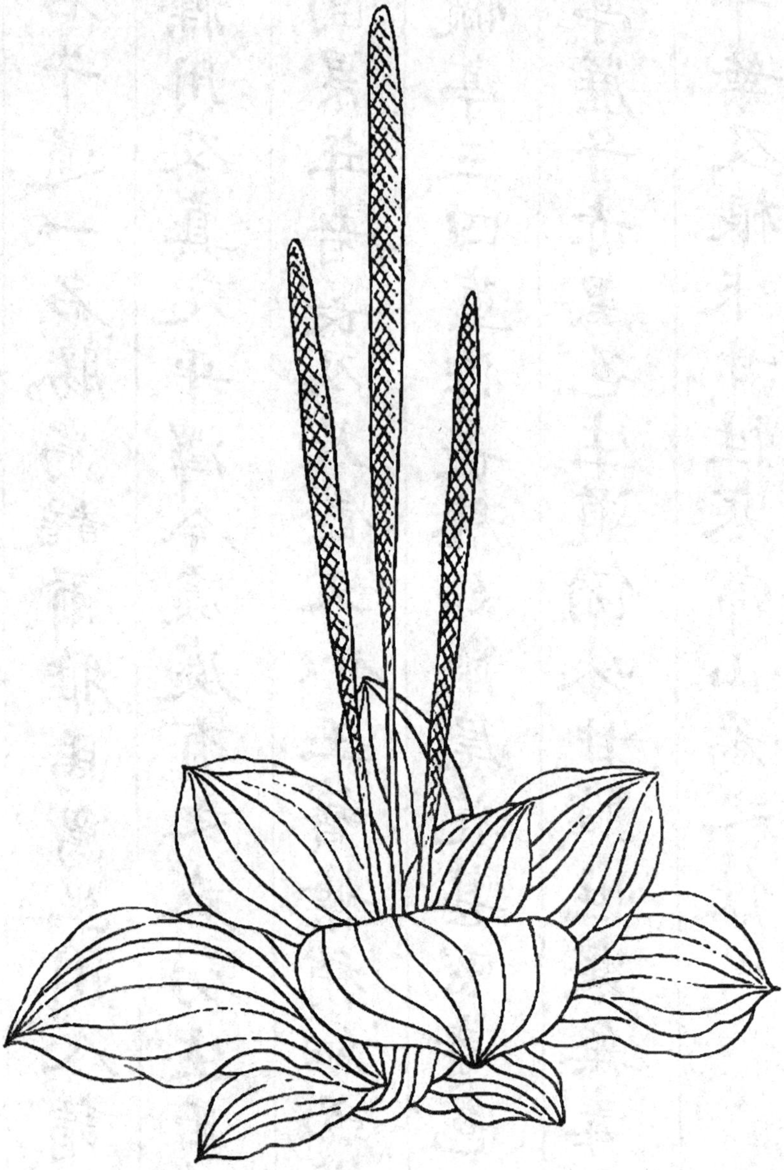

車輪菜本草名車前子一名當道一名芣苢音浮以一名蝦蟇衣一名牛遺一名勝舄音昔爾雅馬舄幽州人謂之一舌草生滁州及真定平澤今處處有之春初生苗葉布地如匙面累年者長及尺餘又似玉簪葉稍細而薄葉叢中心攛葶三四莖作長穗如鼠尾花甚密青色微赤結實如葶藶子赤黑色生道傍味甘鹹性寒無毒有云味甘性平葉及根味甘性寒常山為之使

救飢採嫩苗葉煠熟水浸去涎沫淘淨油鹽調食

治病文具本草草部條下

白水紅苗

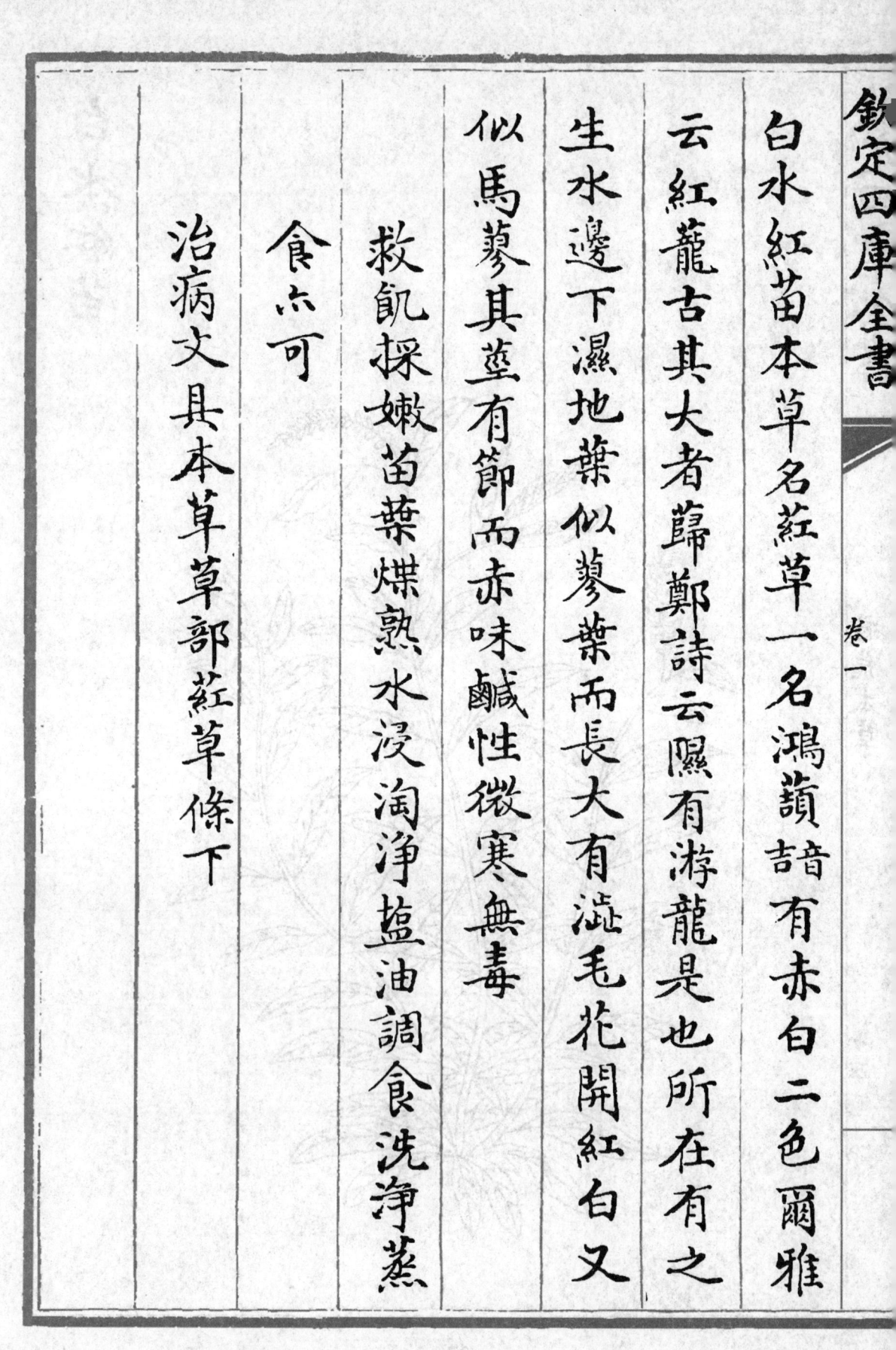

白水紅苗本草名葒草一名鴻藹音有赤白二色爾雅云紅蘢古其大者蘬鄭詩云隰有游龍是也所在有之生水邊下濕地葉似蓼葉而長大有澁毛花開紅白又似馬蓼其莖有節而赤味鹹性微寒無毒

救飢採嫩苗葉煠熟水浸淘淨塩油調食洗淨蒸食亦可

治病文具本草草部葒草條下

黃耆

黄耆一名戴糝一名戴椹一名獨椹一名芰草一名蜀脂一名百本一名王孫生蜀郡山谷及白水漢中河東陜西出綿上呼為綿黄蓍今處處有之根長二三尺獨莖叢生枝榦其葉扶踈作羊齒狀似槐葉微尖小又似蒺藜葉闊大而白青色開黄紫花如槐花大結小尖角長寸許味甘性微温無毒一云味苦微寒惡龜甲白蘚皮

救飢採嫩苗葉煠熟水浸淘洗去苦味油鹽調食

藥中補益呼為羊肉
治病文具本草草部條下

威靈仙

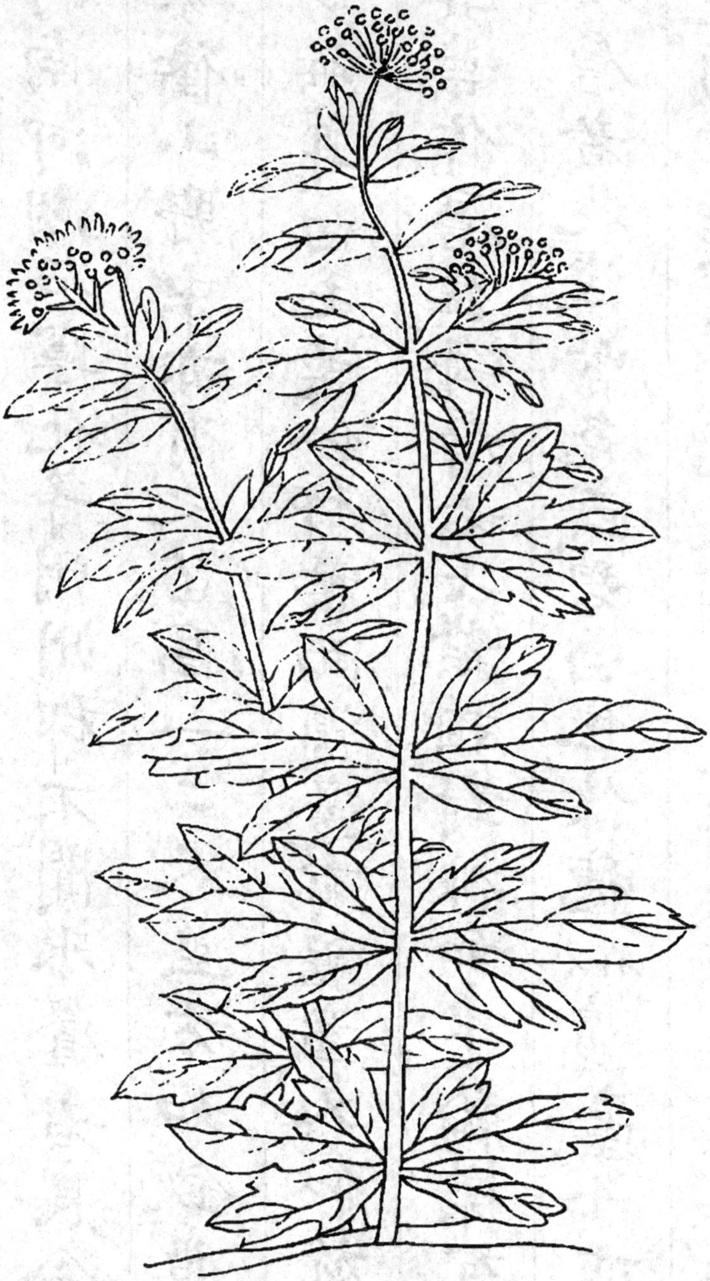

威靈仙一名能消出商州上洛華山并平澤及陜西河東河北河南河湖石寧化等州州郡不聞水聲者良今密縣梁家衝山野中亦有之苗髙一二尺莖方如釵股四稜莖多細茸白毛葉似柳葉而濶邉有鋸齒又似旋覆花葉其葉作層生每層六七葉相對排如車輪樣有六層至七層者花淺紫色或碧白色作穗似蒲臺子亦有似菊花頭者結實青色根稠密多鬚味苦性溫無毒惡茶及麪湯以甘草梔子代飲可也

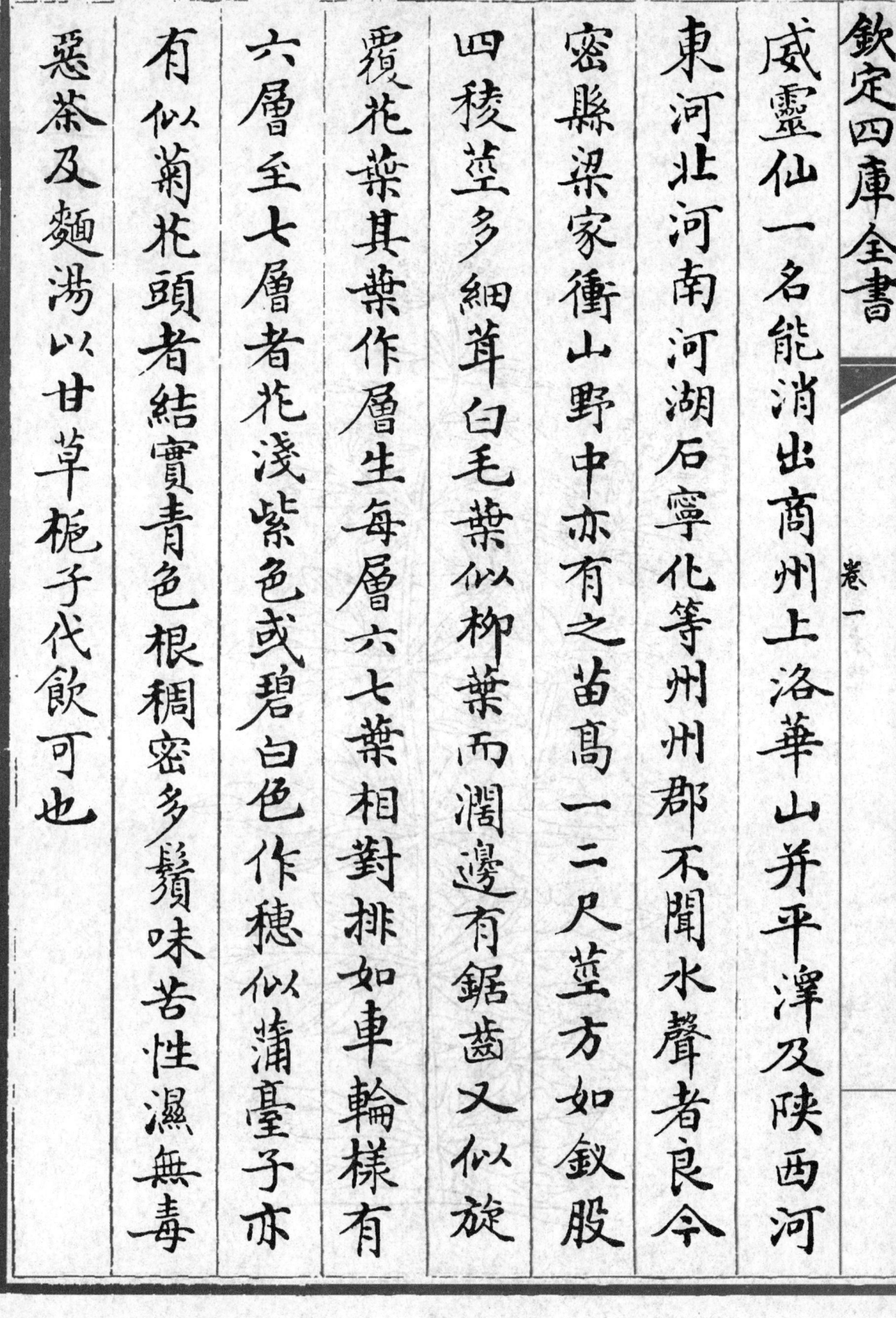

救飢採葉煠熟換水浸去苦味再以水淘淨油盐

調食

治病文具本草草部條下

馬兜零

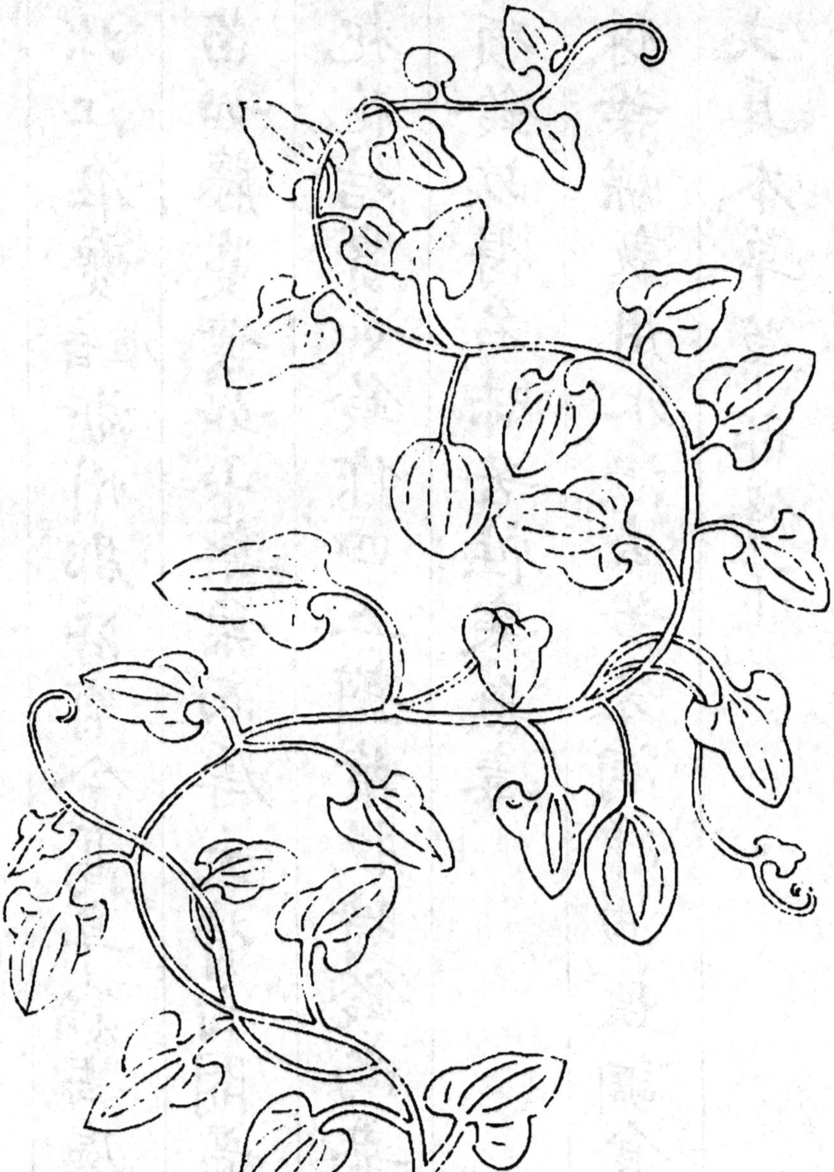

馬兜零根名雲南根又名土青木香生關中及信州滁州河東河北江淮夔（音馗）浙州郡皆有今高阜（音負）去處亦有之春生苗如藤蔓葉如山藥葉而厚大背白開黃紫花頗類枸杞花結實如鈴作四五瓣葉脱時鈴尚垂之其狀如馬項鈴故得名味苦性寒無毒

救飢採葉煠熟用水浸去苦味淘淨油塩調食

治病文具本草草部條下

旋覆花

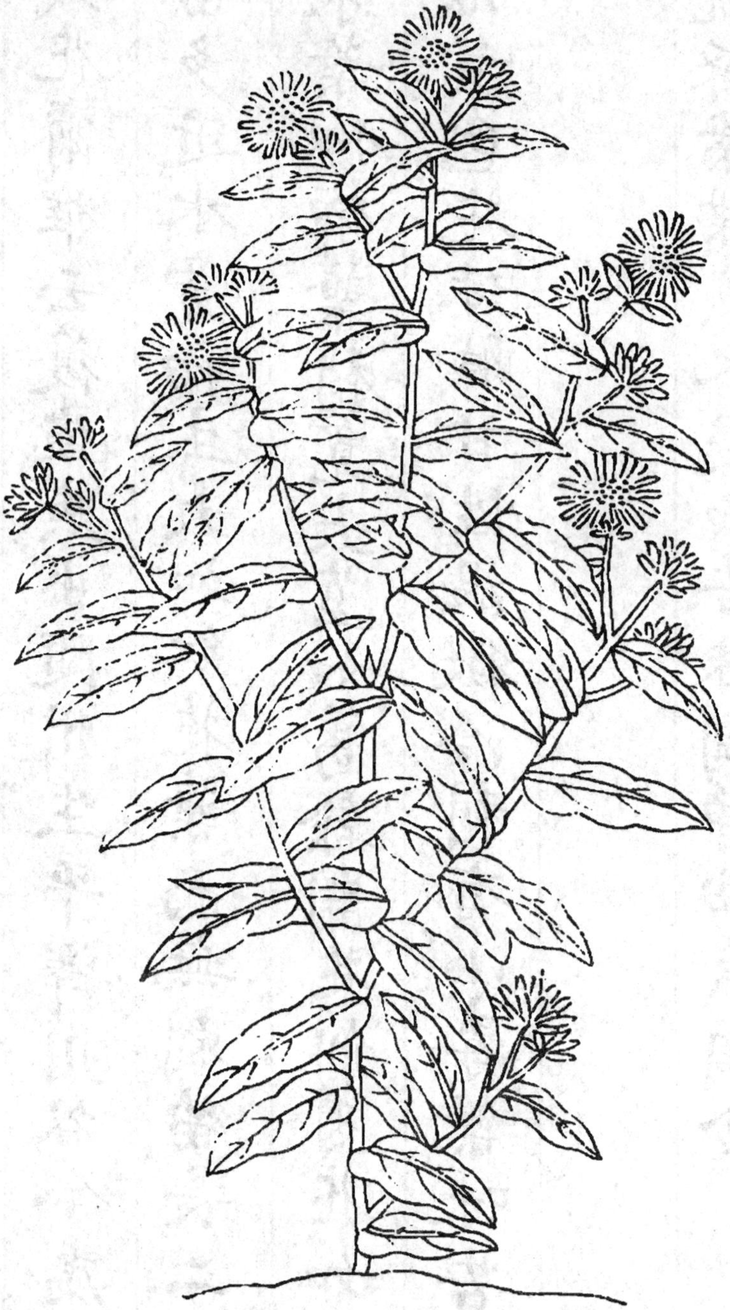

旋覆花一名戴椹一名金沸草一名盛椹上黨田野人
呼為金錢花爾雅云覆盜庚出隨州生平澤川谷今處
處有之苗多近水旁初生大如紅花葉而無刺苗長二
三尺已來葉似柳葉稍寬大莖如蒿榦開花似菊花如
銅錢大深黃色花味鹹甘性溫微冷利有小毒葉味苦
性涼

救飢採葉煠熟水浸去苦味淘淨油鹽調食

治病文具本草草部條下

防風

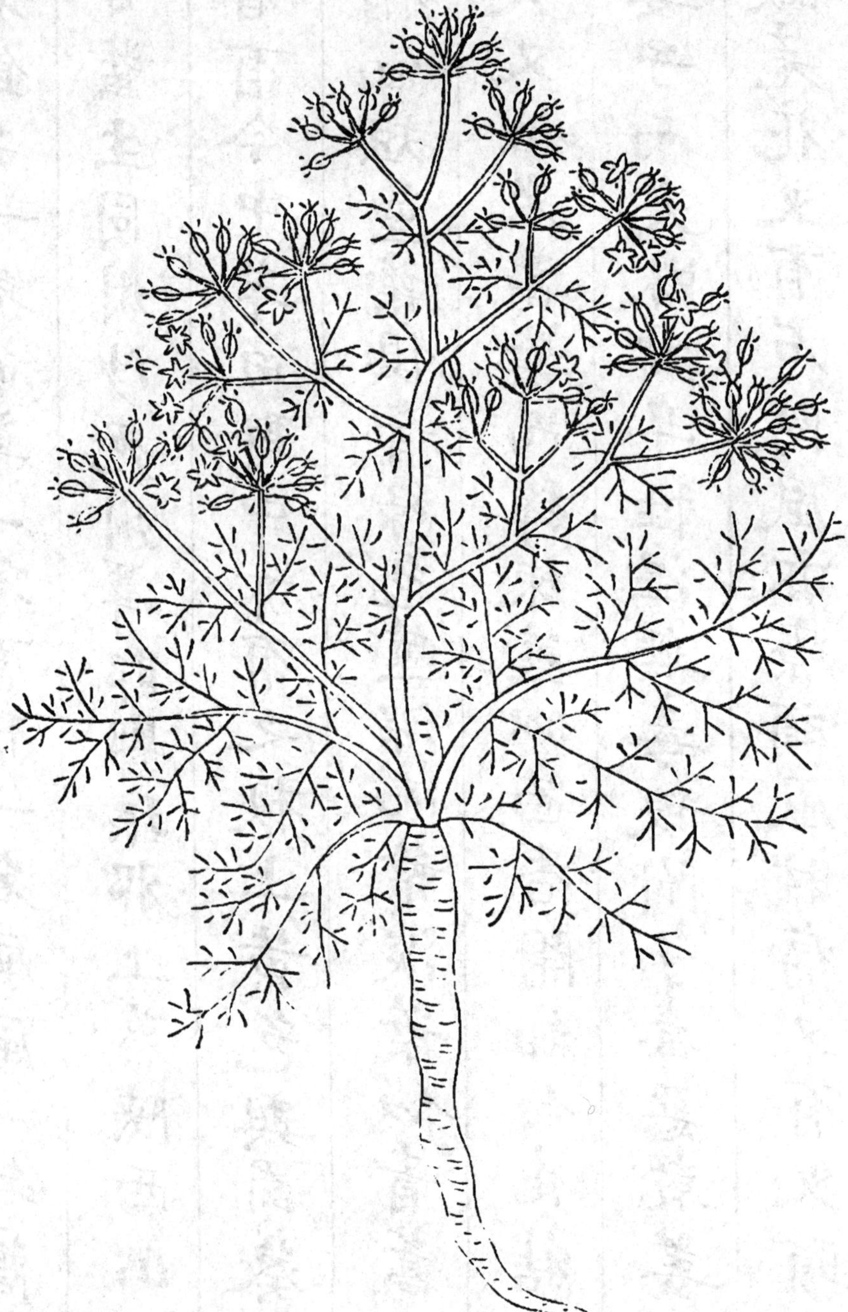

防風一名銅芸一名茴草一名百枝一名屏風一名蕳根一名百蜚生同州沙苑川澤邯鄲琅邪上蔡陝西山東處處皆有今中牟田野中亦有之根土黄色與蜀葵根相類稍細短莖葉俱青緑色莖深而葉淡葉似青蒿葉而濶大又似米蒿葉而稀踈莖似茴香開細白花結實似胡荽子而大味甘辛性温無毒殺附子毒惡乾姜藜蘆白歛芫花又有石防風亦療頭風眩痛又有义頭者令人發狂义尾者發痼疾

救飢採嫩葉作菜茹煠食極爽口

治病文具本草草部條下

鬱臭苗

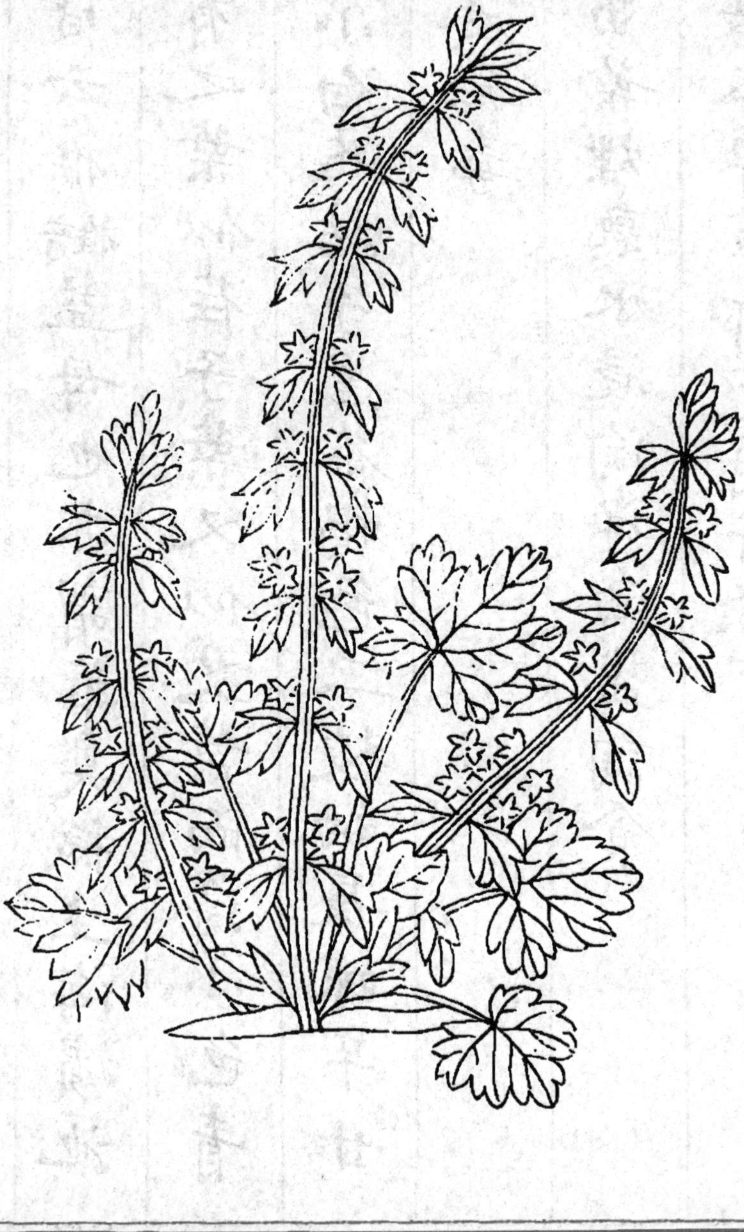

鬱臭苗本草茺蔚子是也一名益母一名益明一名大札一名貞蔚皆云蓷（音推）益母也亦謂蓷臭穢生海濱池
今田野處處有之葉似荏子葉又似艾葉而薄小色青
莖方節節開小白花結子黒茶褐色三稜細長味辛甘
微温一云微寒無毒

救飢採苗葉煠熟水浸淘浄油塩調食

治病文具本草草部茺蔚子條下

澤漆

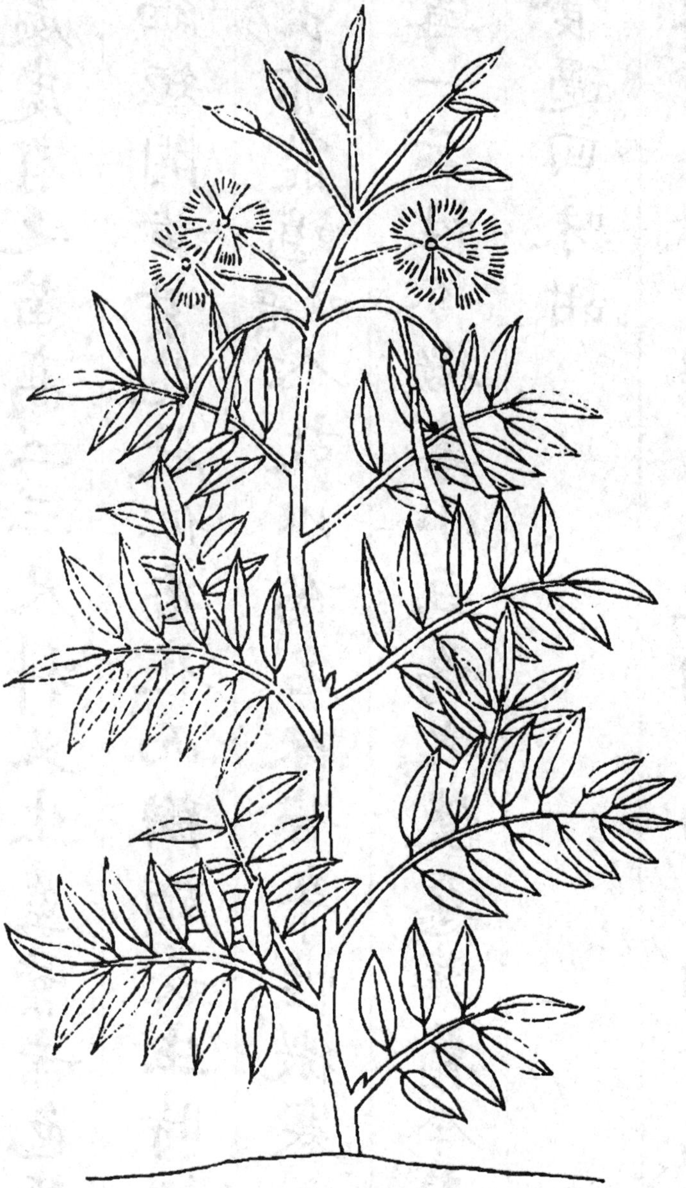

澤漆本草一名漆莖犬戟苗也生太山川澤及兾州鼎州明州今處處有之苗高二三尺科叉生莖紫赤色葉似柳葉微細短開黄紫花狀似杏花而瓣頗長生時摘葉有白汁出亦能嚙音咬人故以為名味苦辛性微寒無毒一云有毒一云性冷微毒小豆為之使惡薯蕷今嘗葉味澁苦食過回味甜

救飢採葉及嫩莖煠熟水浸淘淨油鹽調食或採嫩葉蒸過晒乾做茶喫亦可

治病文具本草草部條下

酸醬草

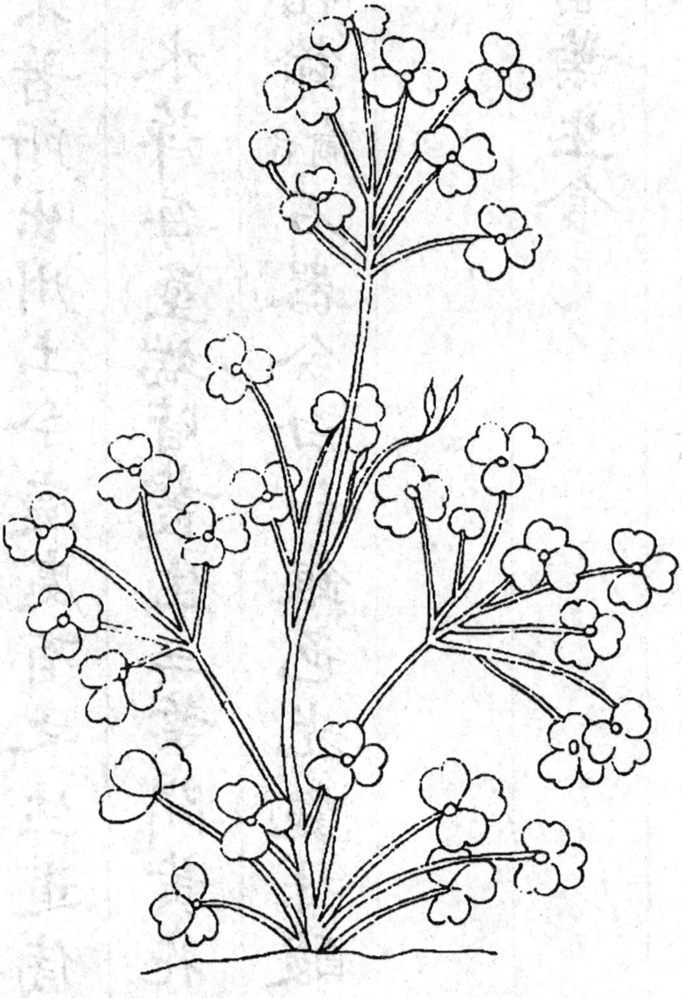

酸醬草本草名酢與醋字同醬草一名醋母草一名鳩酸草俗為小酸茅舊不著所出州土今處處有之生道傍下濕地葉如初生小水萍每莖端皆叢生三葉開黄花結黒子南人用苗楷鍮音偷石器令白如銀色光艶味酸性寒無毒

救飢採嫩苗葉生食

治病文具本草草部酢醬條下

蛇床子

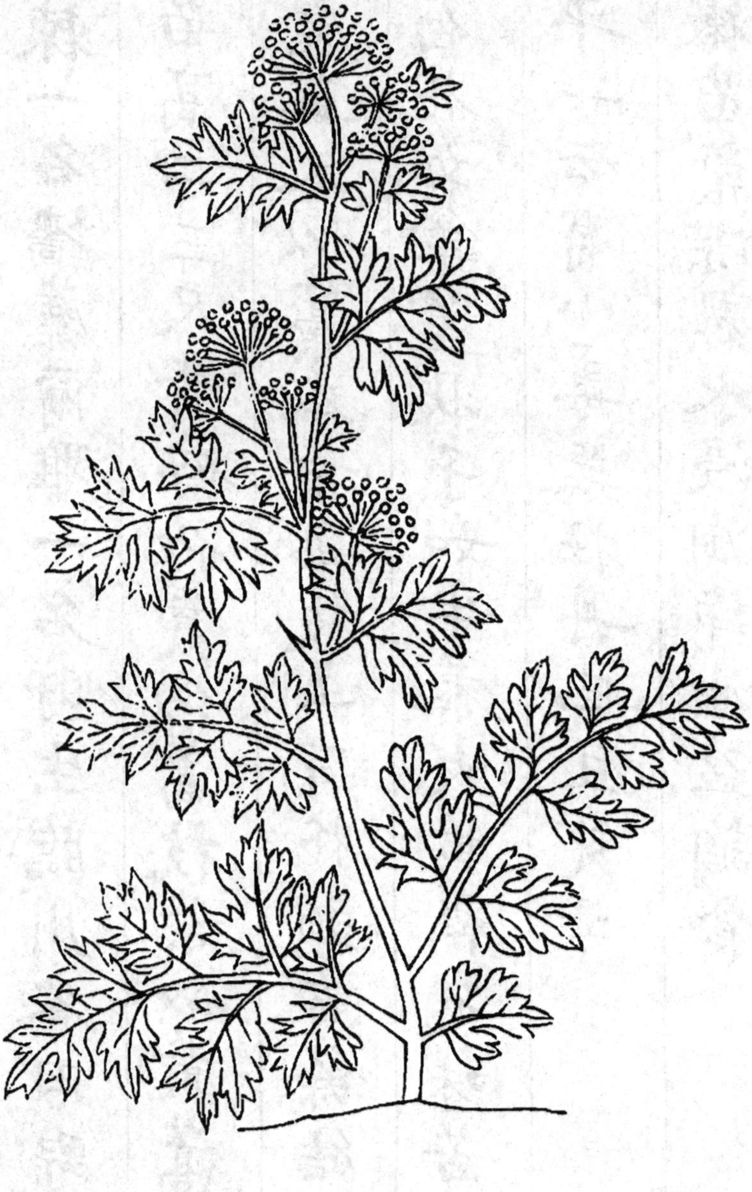

蛇床子一名蛇粟一名蛇米一名虺床一名思益一名
繩毒一名棗棘一名牆蘼爾雅一名盱生臨川谷田野
今處處有之苗髙二三尺青碎作叢似蒿枝葉似黄蒿
葉又似小葉蘼蕪又似藁本葉每枝上有花頭百餘結
實同一窠開白花如傘盖狀子如半黍大黄褐色味苦
辛甘無毒性平一云有小毒惡牡丹巴豆貝母
救飢採嫩苗葉煠熟水浸淘淨油塩調食
治病文具本草草部條下

桔梗

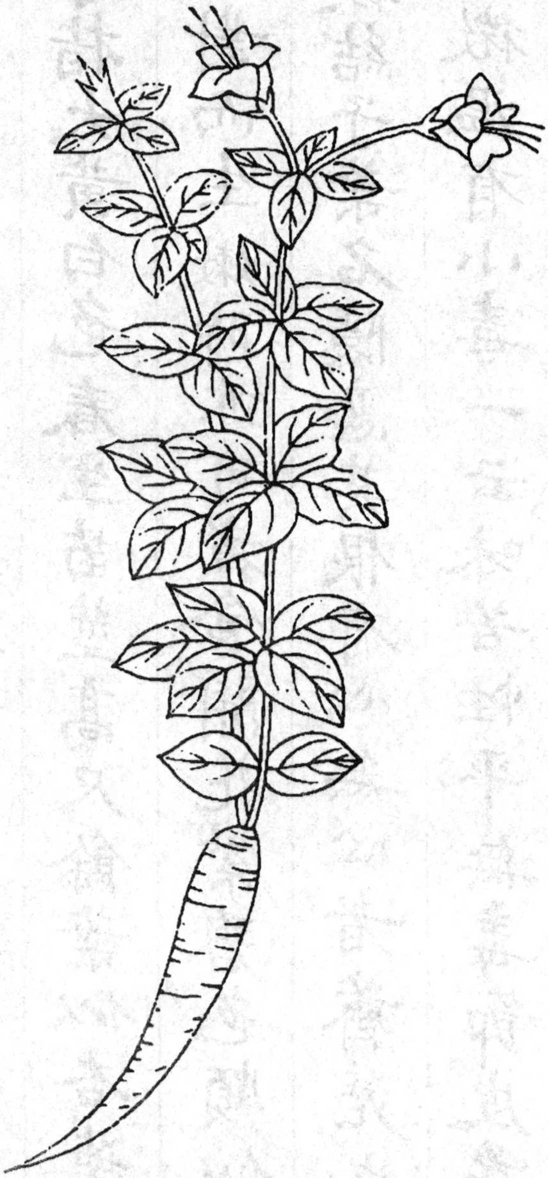

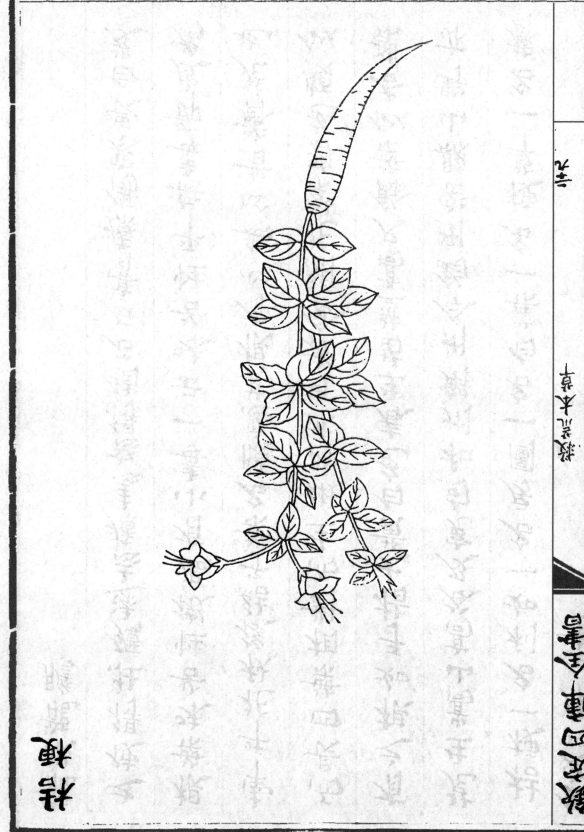

桔梗一名利如一名房圖一名白藥一名梗草一名薺苨生嵩山髙谷及寃句和州解州今鈞州密縣山野亦有之根如手指大黄白色春生苗莖髙尺餘葉似杏葉而長四葉相對而生嫩時亦可煑食開花紫碧色頗似牽牛花秋後結子葉名隱忍其根有心無心者薺苨也根葉味苦性微溫有小毒一云味苦性平無毒節皮為之使得牡礪遠志療恚怒得硝石石膏療傷寒畏白芨

龍眼龍膽

救飢採葉煠熟換水浸去苦味淘洗淨油鹽調食

治病文具本草草部條下

茴香

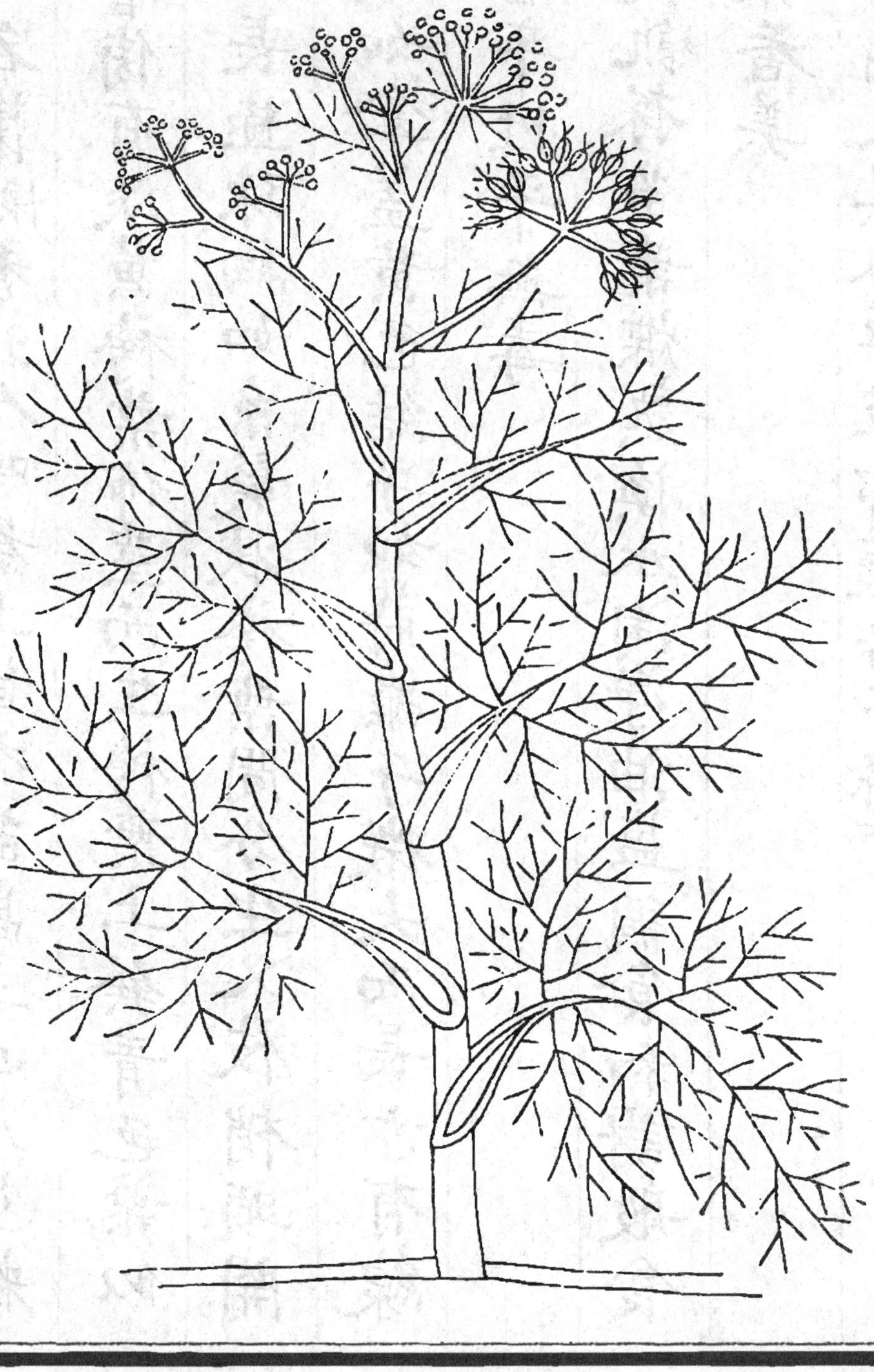

茴香一名蘹懷音香北人呼為土茴香苗高三四尺莖粗如筆管傍有淡黄袴葉佈莖而生袴葉上發青色葉似蓬葉而長極踈細如糸髮狀袴葉間分生叉枝梢頭開花花頭如傘盖黄色結子如蒔蘿子微大而長亦有線瓣味苦辛性平無毒

救飢採苗葉煠熟換水淘淨油鹽調食和諸般食味香美

治病文具本草草部蘹香子條下

夏枯草

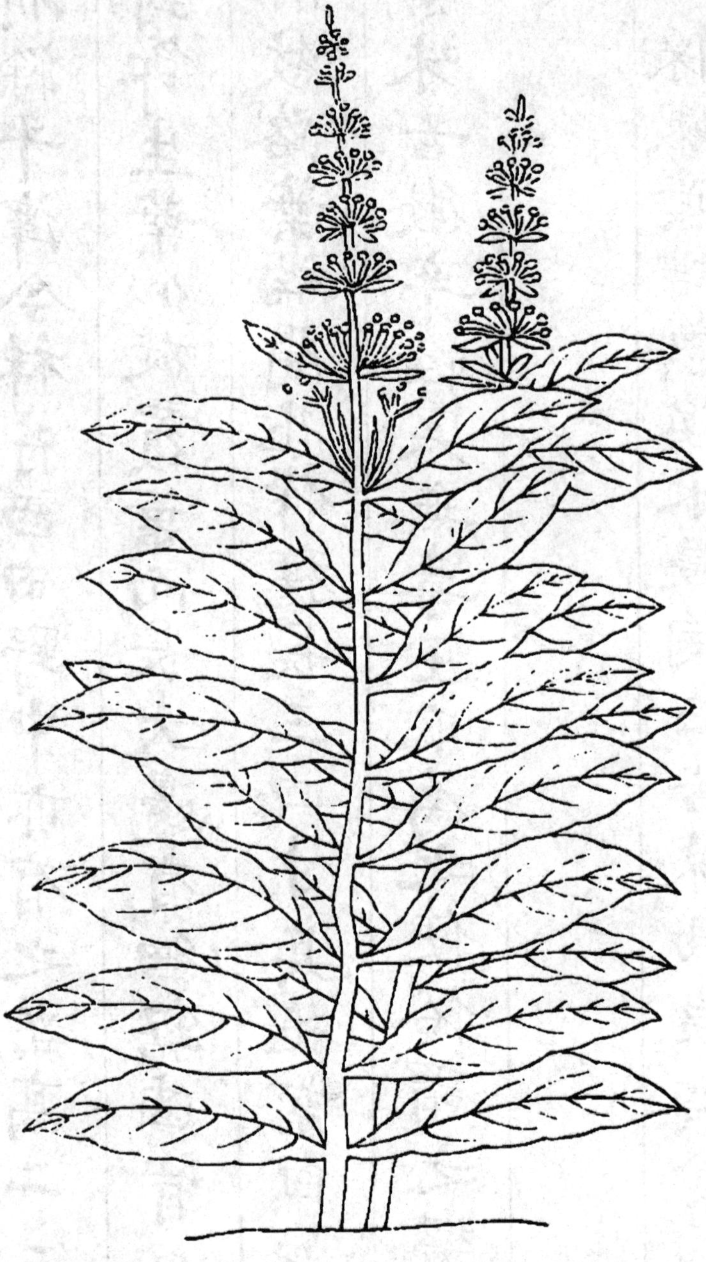

夏枯草本草名夕句一名乃東一名燕面生蜀郡川谷
及河淮浙滁平澤今祥符西田野中亦有之苗高二三
尺其葉對節生葉似旋覆葉而長大邊有細鋸齒背白
上多氣脉紋路葉端開花作穗長三四寸其花紫白如
丹參花葉味苦微辛性寒無毒王瓜為之使俗謂之鬱
臭苗非是

救飢採嫩葉煠熟換水浸淘去苦味油鹽調食

治病 文具本草草部條下

藁本

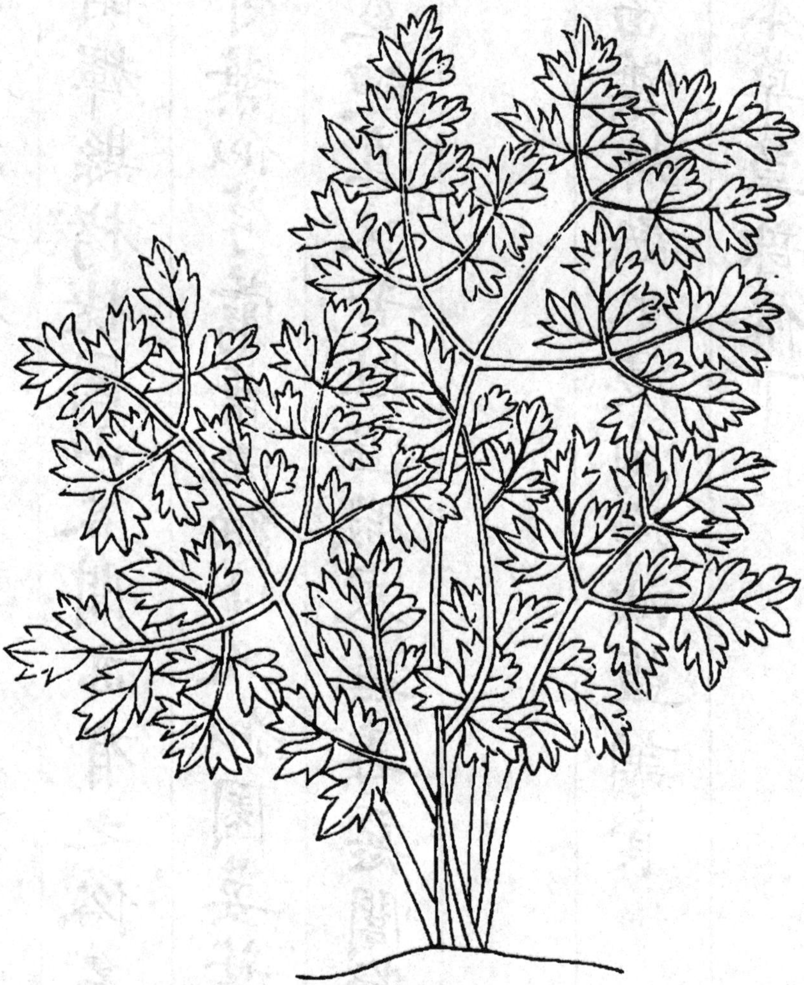

藁本一名鬼卿一名地新徽莖生崇山山谷及西川河東兖州杭州今衛輝縣栲栳園山谷間亦有之俗名山園荽苗高五七寸葉似芎藭葉而細小又似園荽葉而稀踈莖比園荽莖硬直味苦性温微寒無毒惡䕡茹畏青葙子

救飢採嫩苗葉煠熟水浸淘淨油塩調食

治病文具本草草部條下

柴胡

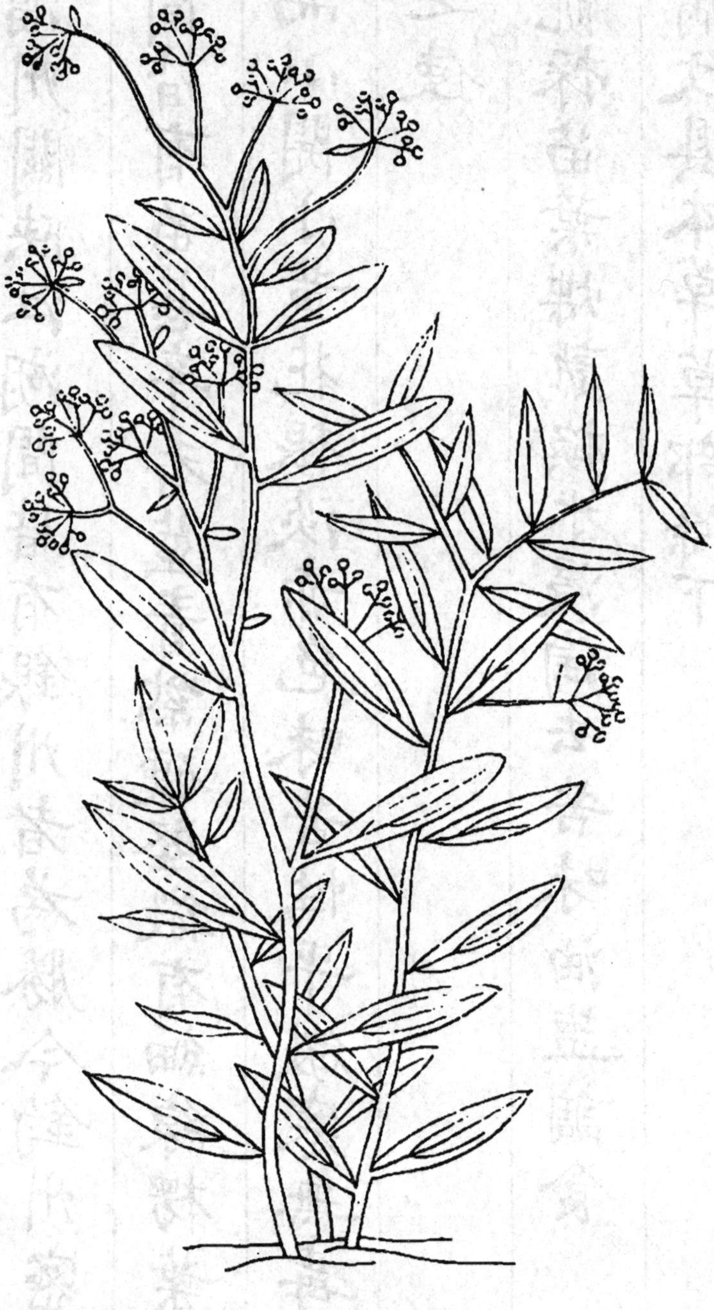

柴胡一名地薫一名山菜一名茹草葉一名芸蒿生宛句壽州淄州關陝江湖間皆有銀州者為勝今鈞州密縣山谷間皆有苗甚辛香莖青紫硬堅微有細線楞葉似竹葉而小開小黃花根淡赤色味苦性平微寒無毒半夏為之使

救飢採苗葉煠熟換水浸淘去苦味油鹽調食

治病文具本草草部條下

漏蘆

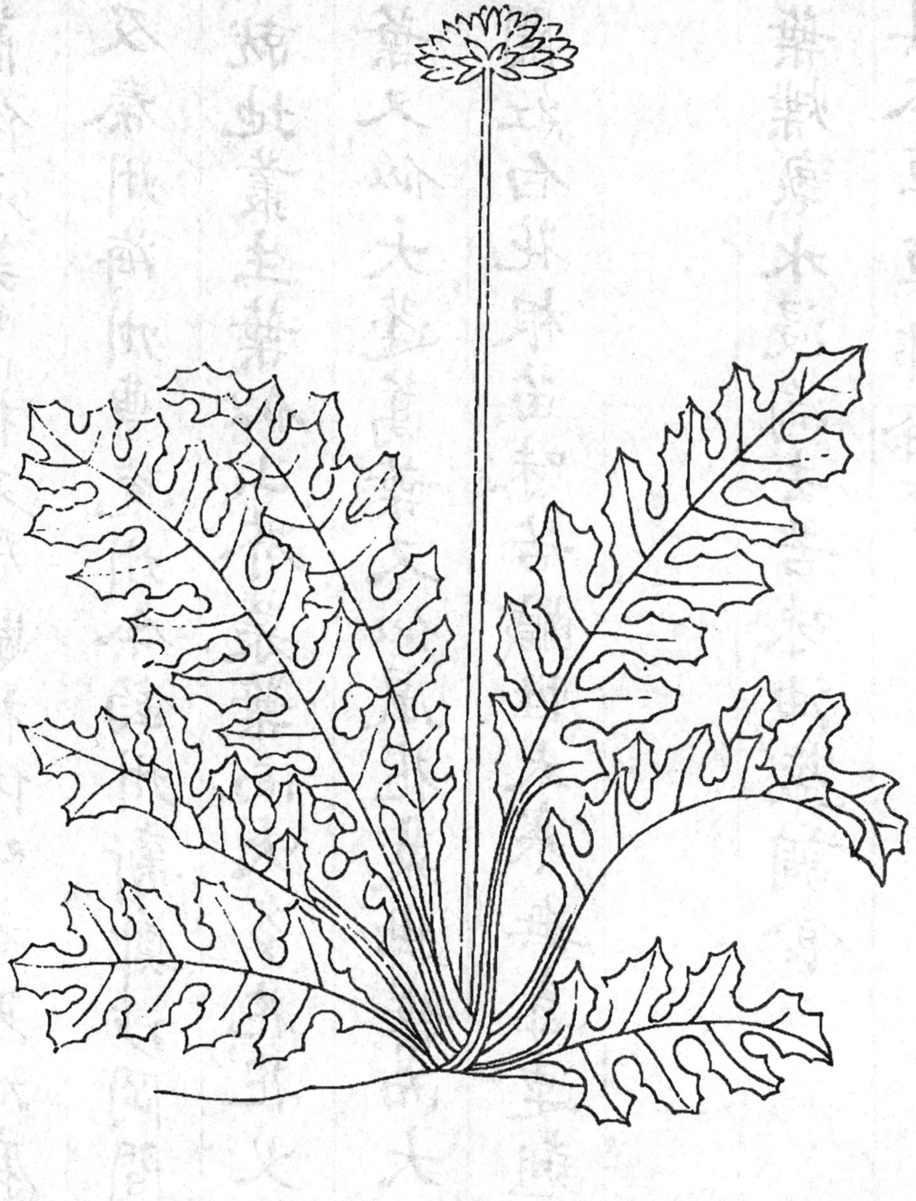

漏蘆一名野蘭俗名莢蒿根名鹿驪根俗呼為鬼油麻生喬山山谷及秦州海州曹兖州今鈞州新鄭沙岡間亦有之苗葉就地叢生葉似山芥菜葉而大多花花义亦似白屈菜葉又似大蓬蒿葉又似風花菜脚葉而大葉中攛亭上開紅白花根苗味苦鹹性大寒無毒連翹為之使

救飢 採葉煠熟水浸淘去苦味油盐調食

治病 文具本草草部條下

龍膽草

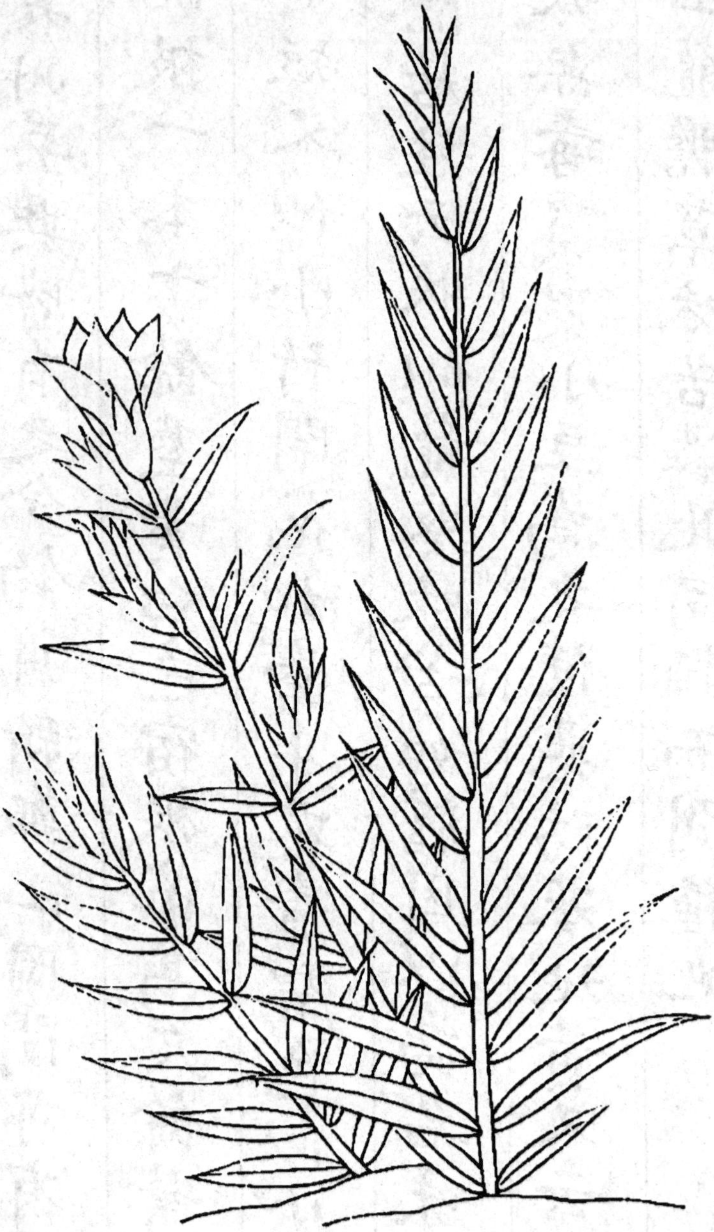

龍膽草一名龍膽一名陵游俗呼草龍膽生齊朐山谷
及宛句襄州吳興皆有之今鈞州新鄭山岡間亦有根
類牛膝而根一本十餘莖黃白色宿根苗高尺餘葉似
柳葉而細短又似小竹開花如牽牛花青碧色似小鈴
形樣陶隱居注云狀似龍葵味苦如膽因以為名味苦
性寒大寒無毒貫衆小豆為之使惡防葵地黃又云浙
中又有山龍膽草味苦澁此同類而别種也
救飢採葉煠熟換水淘去苦味油鹽調食勿空腹

服餌令人溺不禁

治病文具本草草部條下

鼠菊

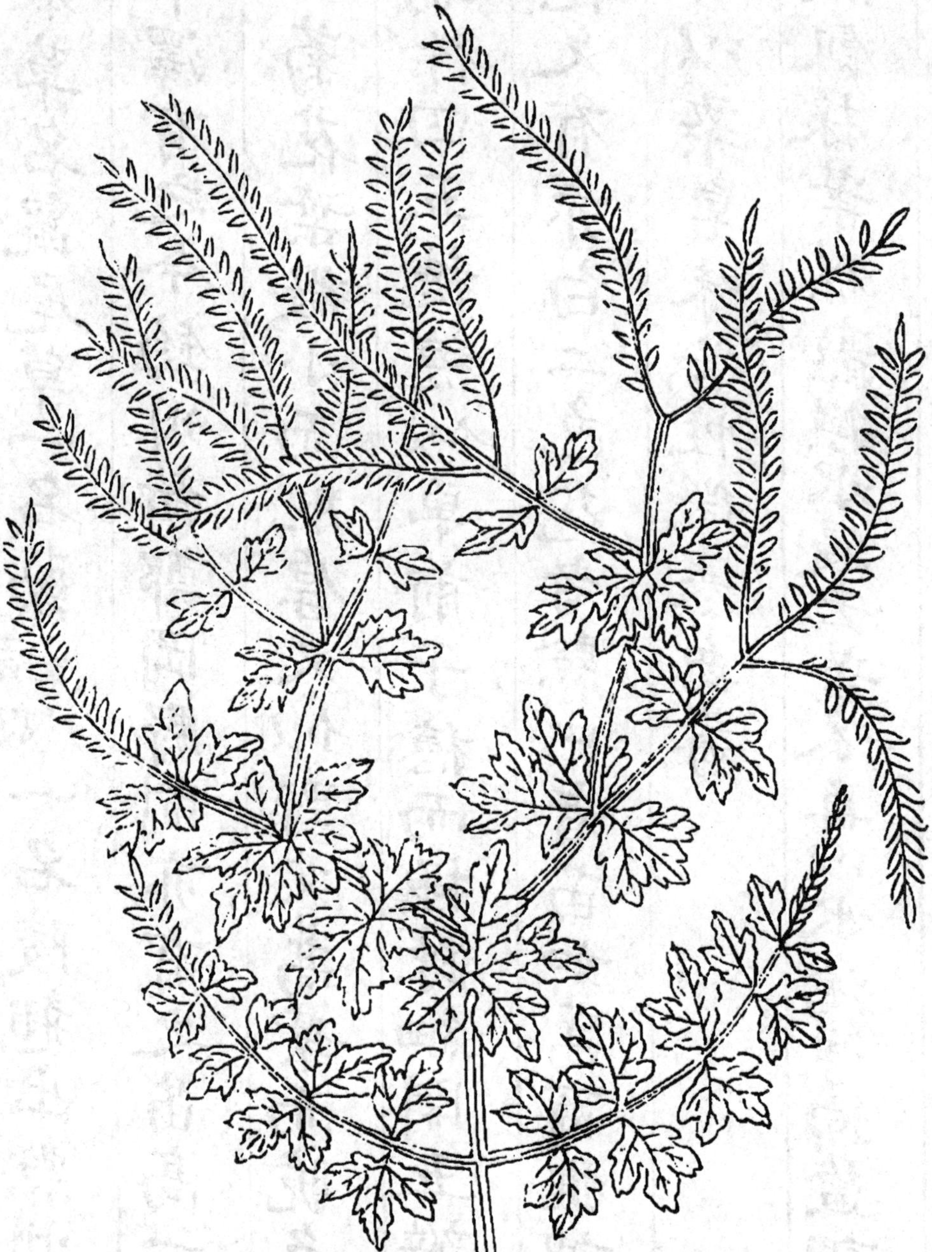

鼠菊本草名鼠尾草一名葝音勍一名陵翹出黔州及所在平澤有之今鈞州新鄭岡野間亦有之苗高一二尺葉似菊花葉微小而肥厚又似野艾蒿葉而脆色淡綠莖端作四五穗穗似車前子穗而極踈細開五瓣淡粉紫花又有赤白二色花者黔中者苗如蒿爾雅謂葝鼠尾可以染皂味苦性微寒無毒

救飢採葉煠熟換水浸去苦味再以水淘淨油鹽調食

治病文具本草草部鼠尾草條下

前胡

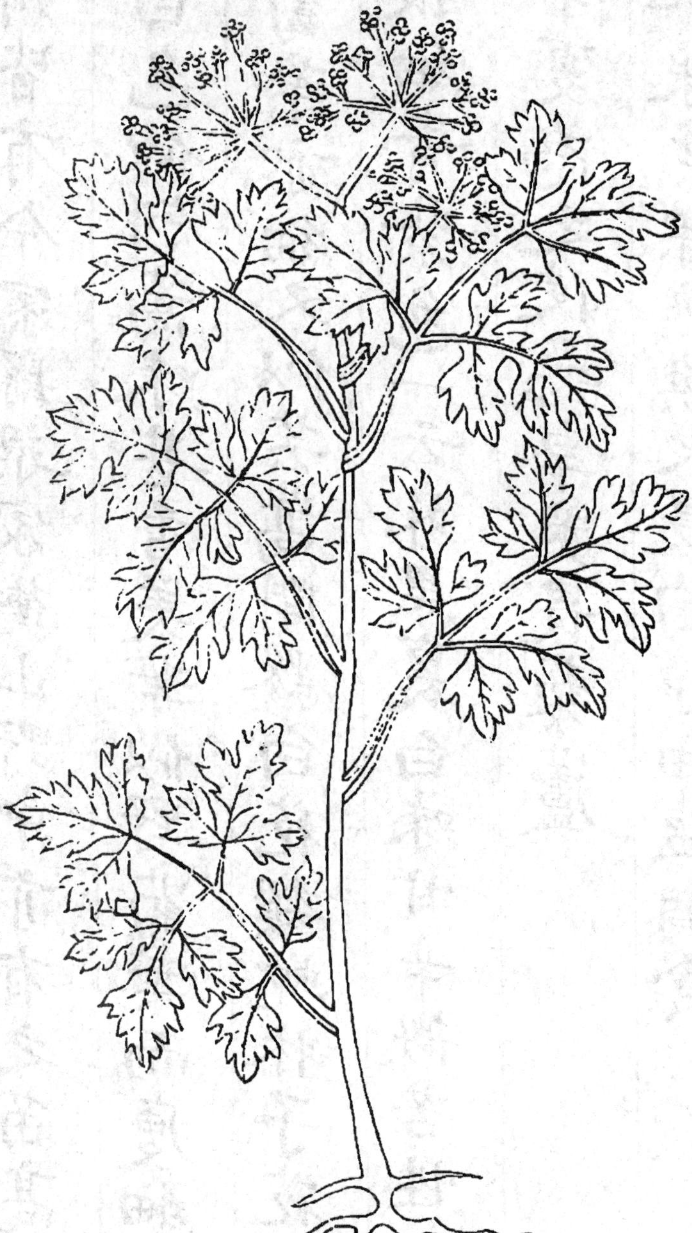

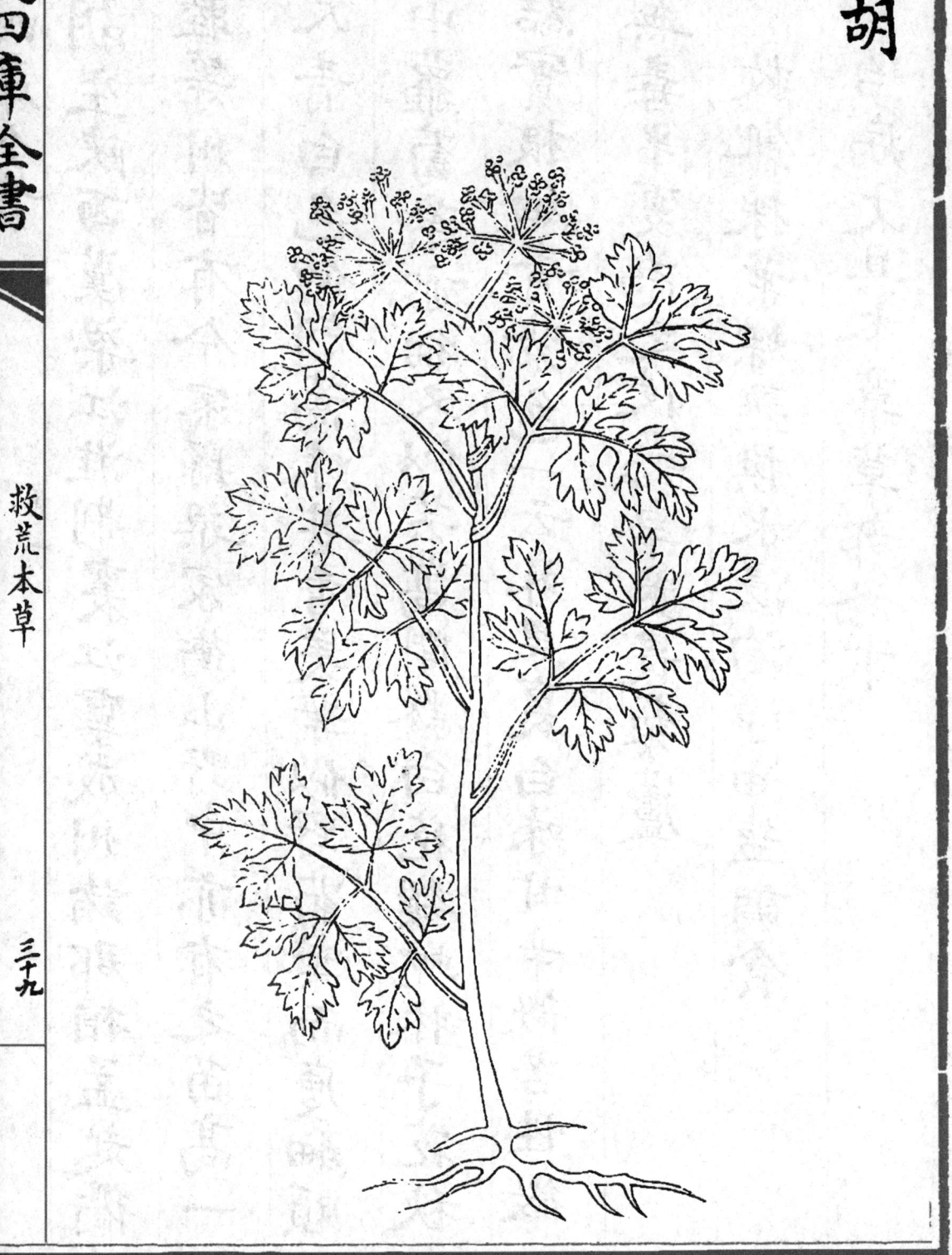

前胡生陜西漢梁江淮荆襄江寧成州諸郡相孟越衢婺睦等州皆有今密縣梁家衝山野中亦有之苗高一二尺青白色似斜蒿味甚香美葉似野菊葉而瘦細頗似山蘿蔔葉亦細又似芸蒿開黲白花類蛇牀子花秋間結實根細青紫色一云外黒裏白味甘辛微苦性微寒無毒半夏為之使惡皂莢畏藜蘆

救飢　採葉煠熟換水浸淘淨油塩調食

治病　文具本草草部條下

猪牙菜

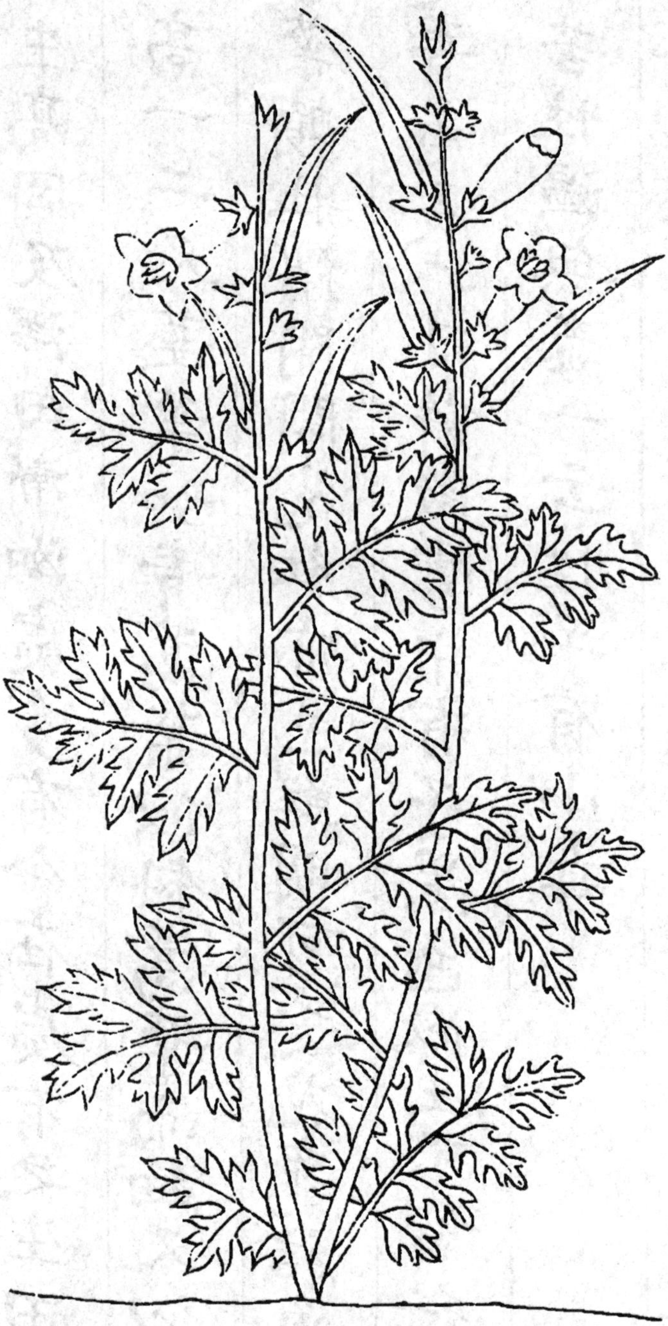

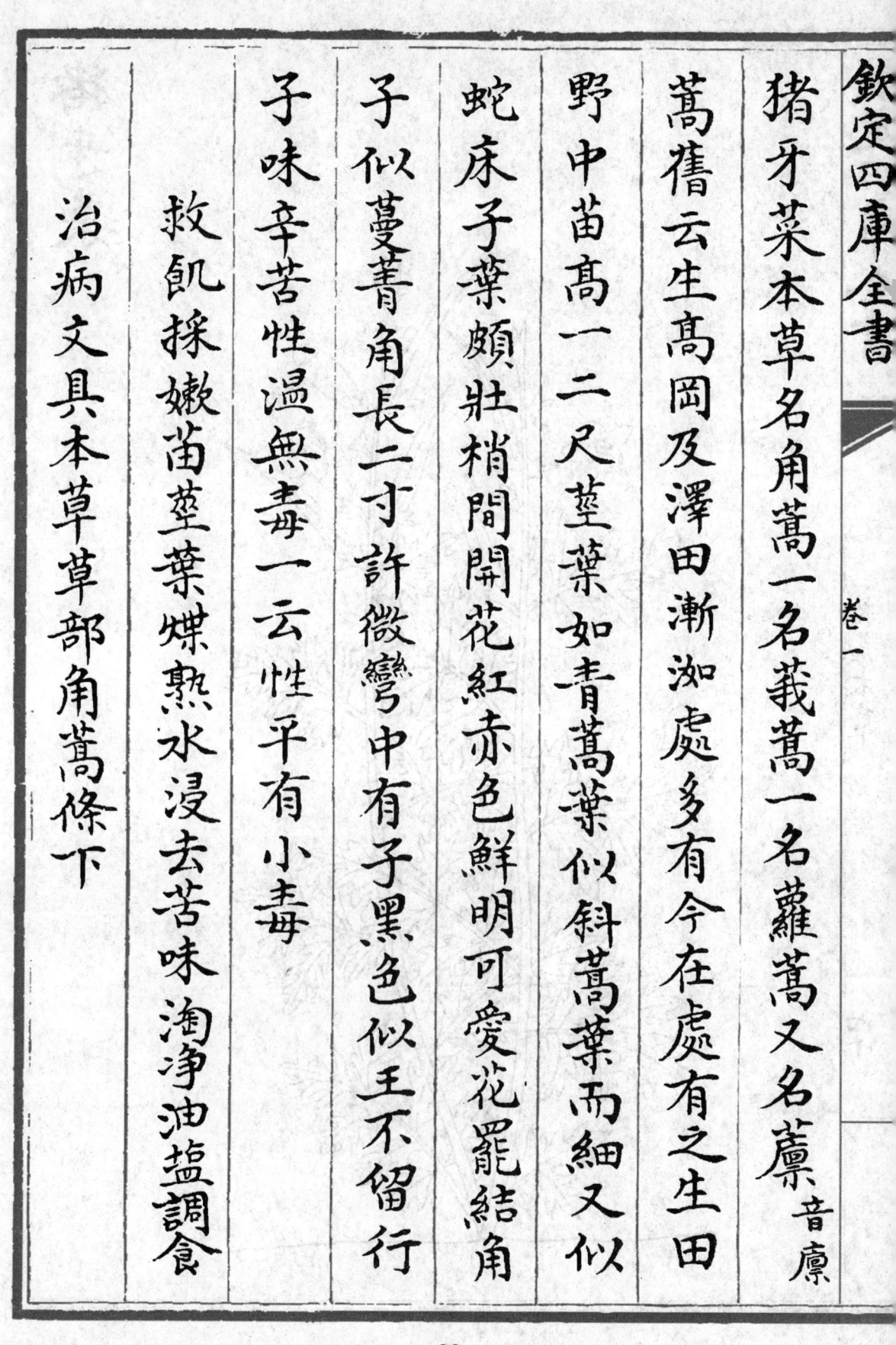

猪牙菜本草名角蒿一名莪蒿一名蘿蒿又名藁音藁蒿舊云生高岡及澤田漸洳處多有今在處有之生田野中苗高一二尺莖葉如青蒿葉似斜蒿葉而細又似蛇床子葉頗壯梢間開花紅赤色鮮明可愛花罷結角子似蔓菁角長二寸許微彎中有子黑色似王不留行子味辛苦性温無毒一云性平有小毒

救飢採嫩苗莖葉煠熟水浸去苦味淘淨油鹽調食

治病文具本草草部角蒿條下

地榆

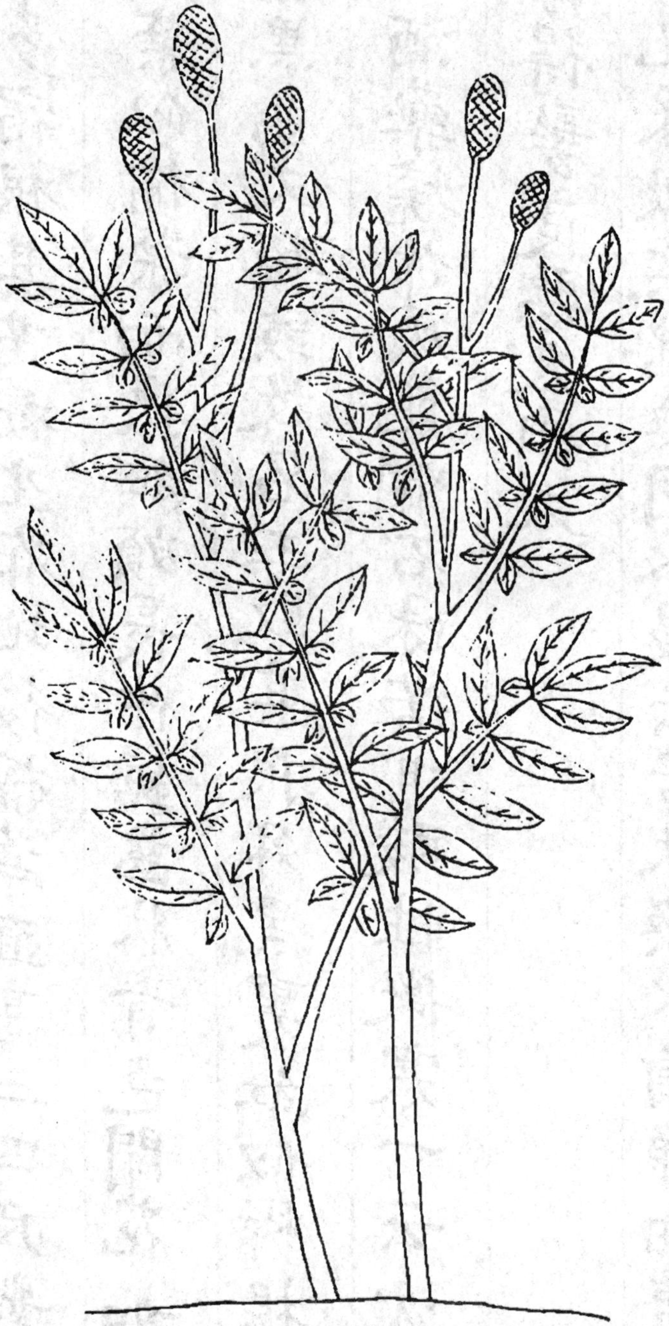

地榆生桐柏山及寃句山谷今處處有之密縣山野中亦有此多宿根其苗初生布地後擴莛直高三四尺對分生葉葉似榆葉而狹細頗長作鋸齒狀青色開花如椹子紫黑色又類豉故名玉豉其根外黑裏紅似柳根亦入釀酒藥燒作灰能爛石味苦甘酸性微寒一云沈寒無毒得髪良惡麥門冬

救飢採嫩葉煠熟用水浸去苦味換水淘淨油塩

調食無茶時用葉作飲甚解熱

治病文具本草草部條下

川芎

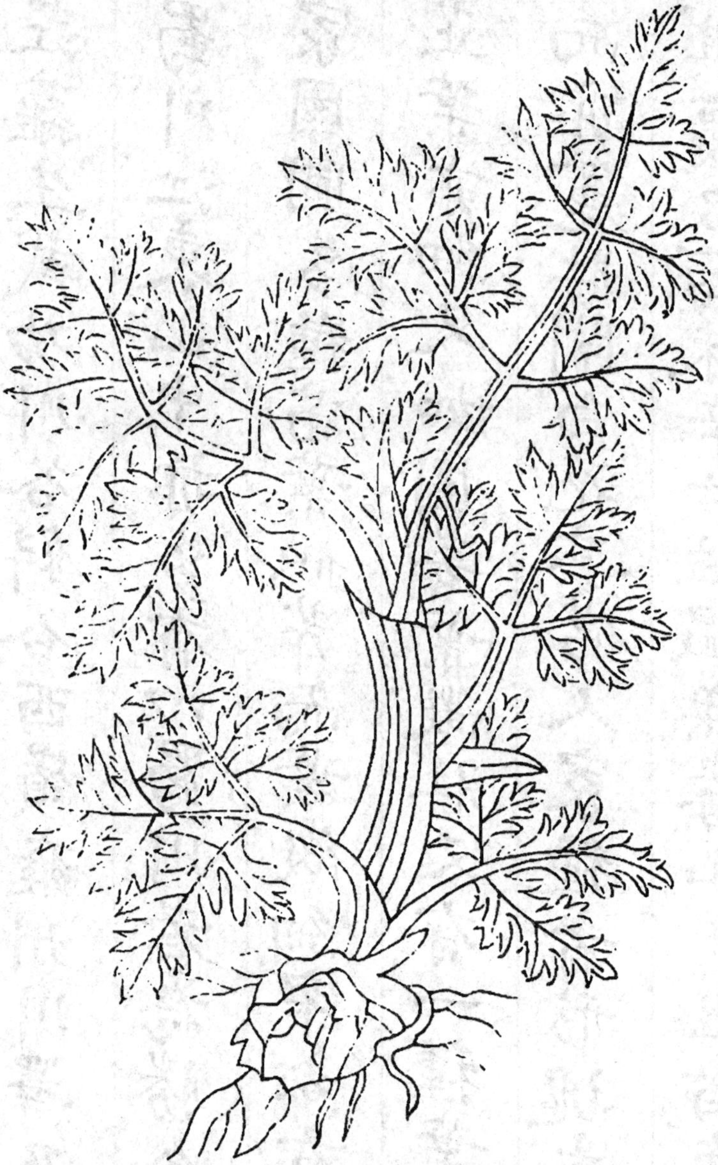

川芎一名芎藭一名胡藭一名香果其苗葉名蘼蕪一名薇蕪一名茳蘺生武功川谷斜谷西嶺雍州川澤及宛句其關陝蜀川江東山中亦多有以蜀川者為勝今處處有之人家園圃多種苗葉似芹而葉微細窄却有花义又似白芷葉亦細又如園荽葉微壯又有一種葉似蛇床子葉而亦麄壯開白花其芎人家種者形塊大重實多脂潤其裏色白味辛甘性温無毒山中出者瘦細味苦辛其節大莖細狀如馬銜謂之馬銜芎狀如雀

腦者謂之雀腦芎此最有力白芷為之使畏黃連其蘼
蕪味辛香性溫無毒
救飢採葉煠熟換水浸去辛味淘淨油鹽調食亦
可煮飲甚香
治病文具本草草部條下

葛勒子秧

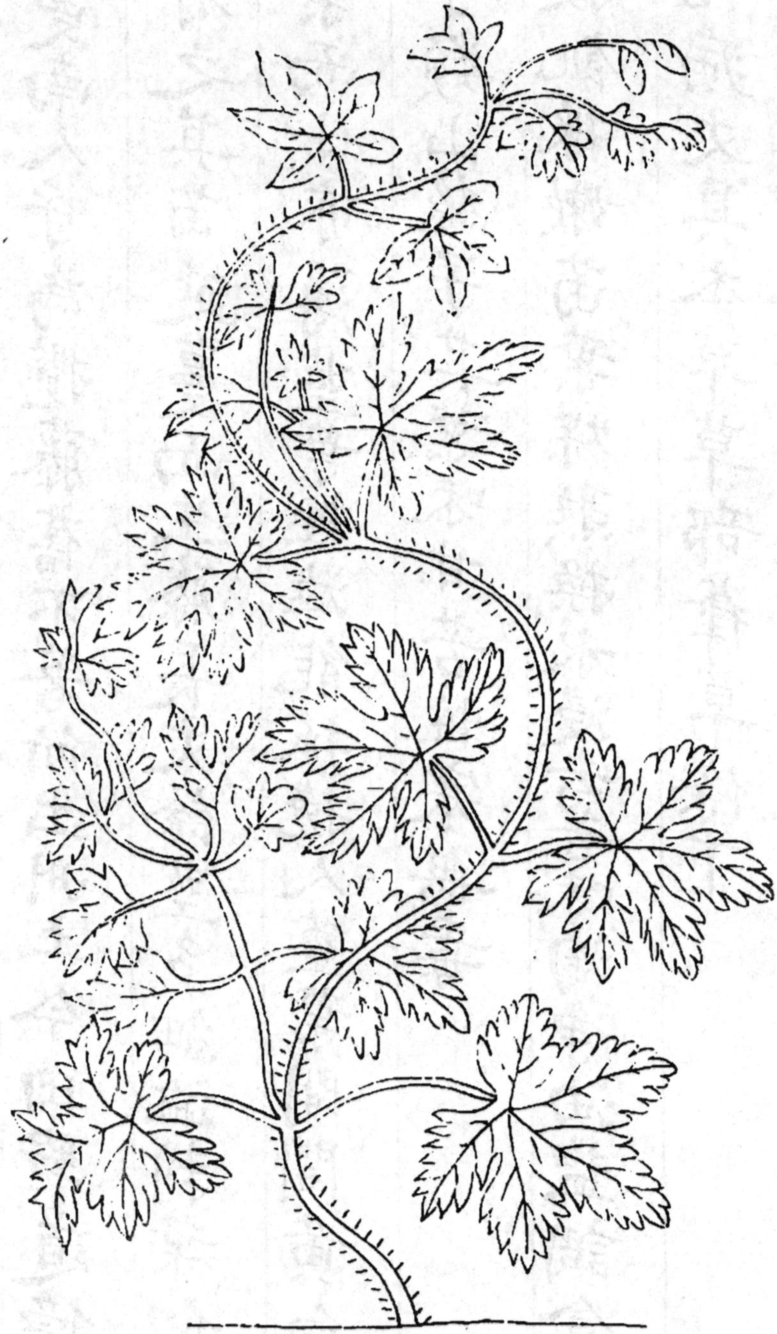

葛勒子秧本草名葎草亦名葛勒蔓一名葛葎蔓又名
澀蘿蔓南人呼為攪藤舊不著所出州土今田野道傍
處處有之其苗延蔓而生藤長丈餘莖多細澀刺葉似
萆麻葉而小亦薄莖葉極澀能抓挽人莖葉間開黄白
花結子類山絲子其葉味甘苦性寒無毒
救饑採嫩苗葉煠熟換水浸去苦味淘浄油塩調食
治病文具本草草部葎草條下

連翹

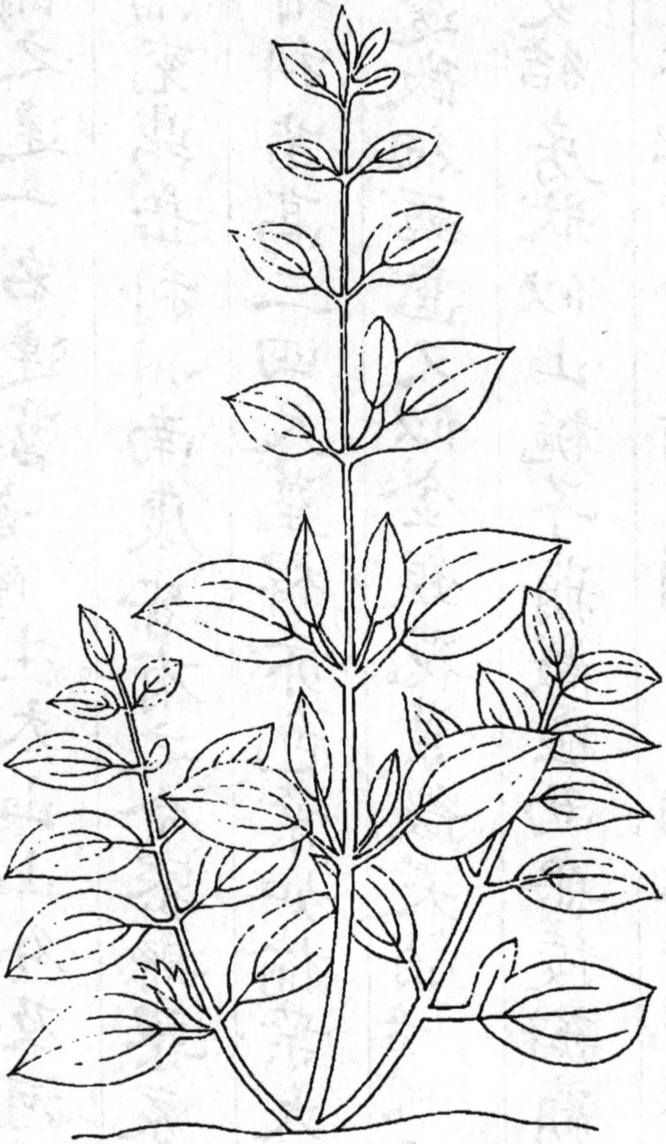

連翹一名異翹一名蘭華一名折根一名軹音紙一名三廉爾雅謂之連一名連苕音條生太山山谷及河中江寧澤潤淄兖鼎岳利州南康皆有之今密縣梁家衝山谷中亦有科苗高三四尺莖稈赤色葉如榆葉大而光色青黄邊微細鋸齒又似金銀花葉微尖艄音哨開花黄色可愛結房狀似山梔子蒴微匾而無稜瓣蒴中有子如雀舌樣極小其子折之間片片相比如翹以此得名味苦性平無毒葉可食味郤苦

救飢採嫩葉煠熟換水浸去苦味淘浄油塩調
食
治病文具本草草部條下

仙靈脾

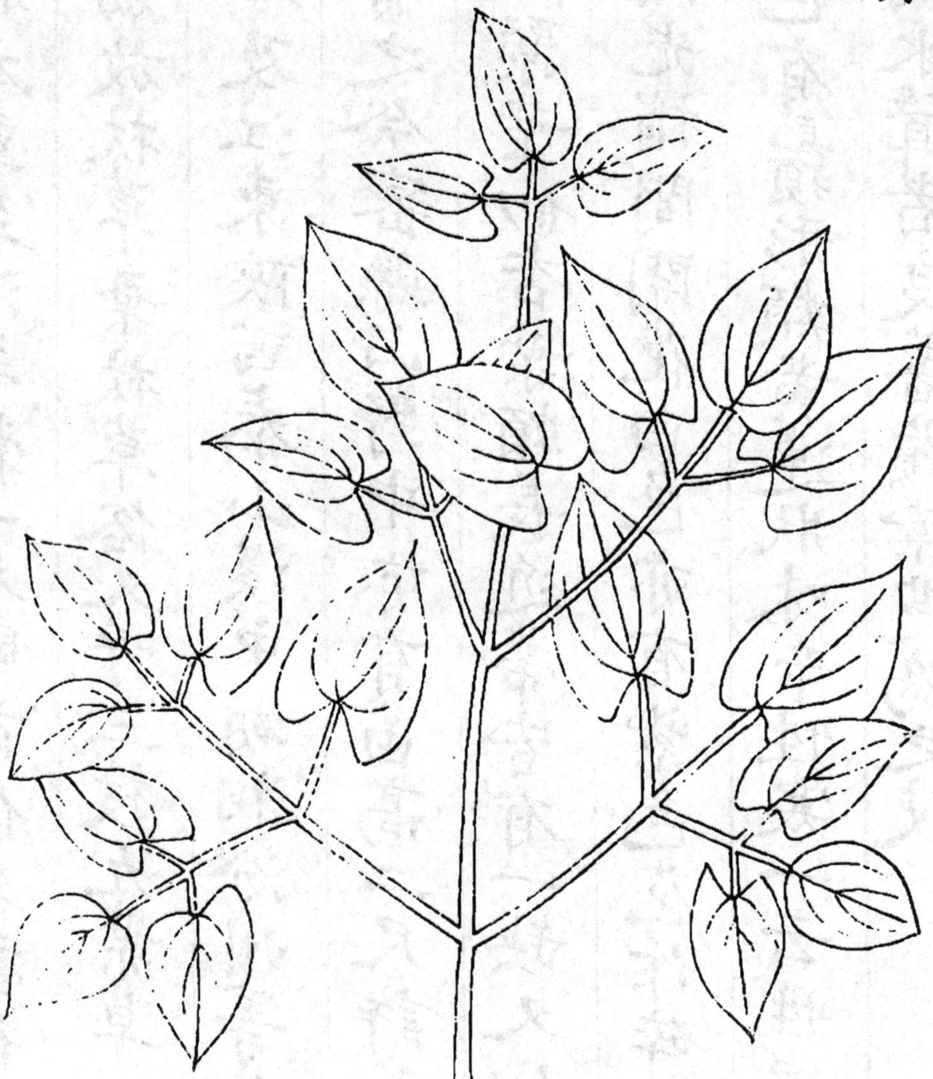

仙靈脾本草名淫羊藿一名剛前俗名黃德祖千兩金乾鷄筋放杖草棄杖草俗又呼三枝九葉草生上郡陽山山谷及江東陜西泰山漢中湖湘汾州等郡并永康軍皆有之今密縣山野中亦有苗高二尺許莖似小豆莖極細緊葉似杏葉頗長近蔕皆有一缺又似菉豆葉亦長而光梢間開花白色亦有紫色花作碎小獨頭子根紫色有鬚形類黃連狀味辛性寒一云性温無毒生處不聞水聲者良薯蕷紫芝為之使

救飢採嫩葉煠熟水浸去邪味淘浄油塩調食

治病文具本草草部淫羊藿條下

青杞

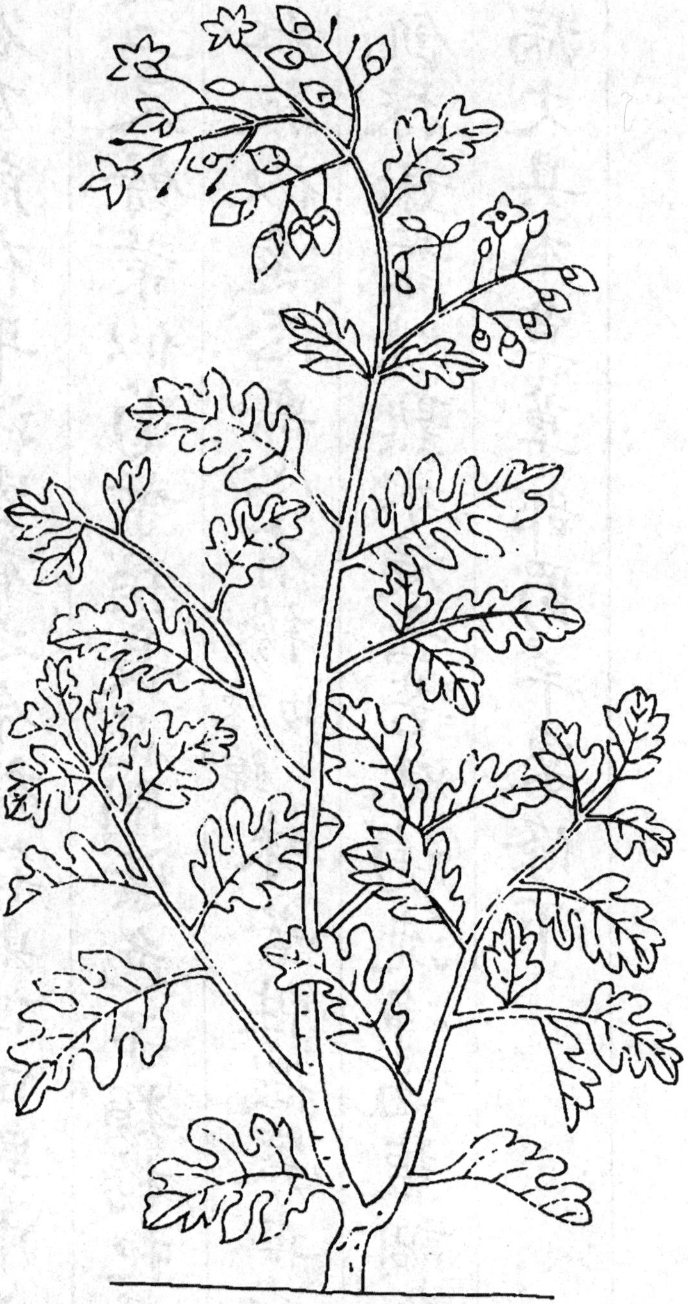

青杞本草名蜀羊泉一名羕泉一名羊飴俗名漆姑生蜀郡山谷及所在平澤皆有之今祥符縣西田野中亦有苗高二尺餘葉似菊葉稍長花開紫色子類枸杞子生青熟紅根似遠志無心有糝疎錦切味苦性微寒無毒

救飢採嫩葉煠熟水浸去苦味淘洗淨油鹽調食

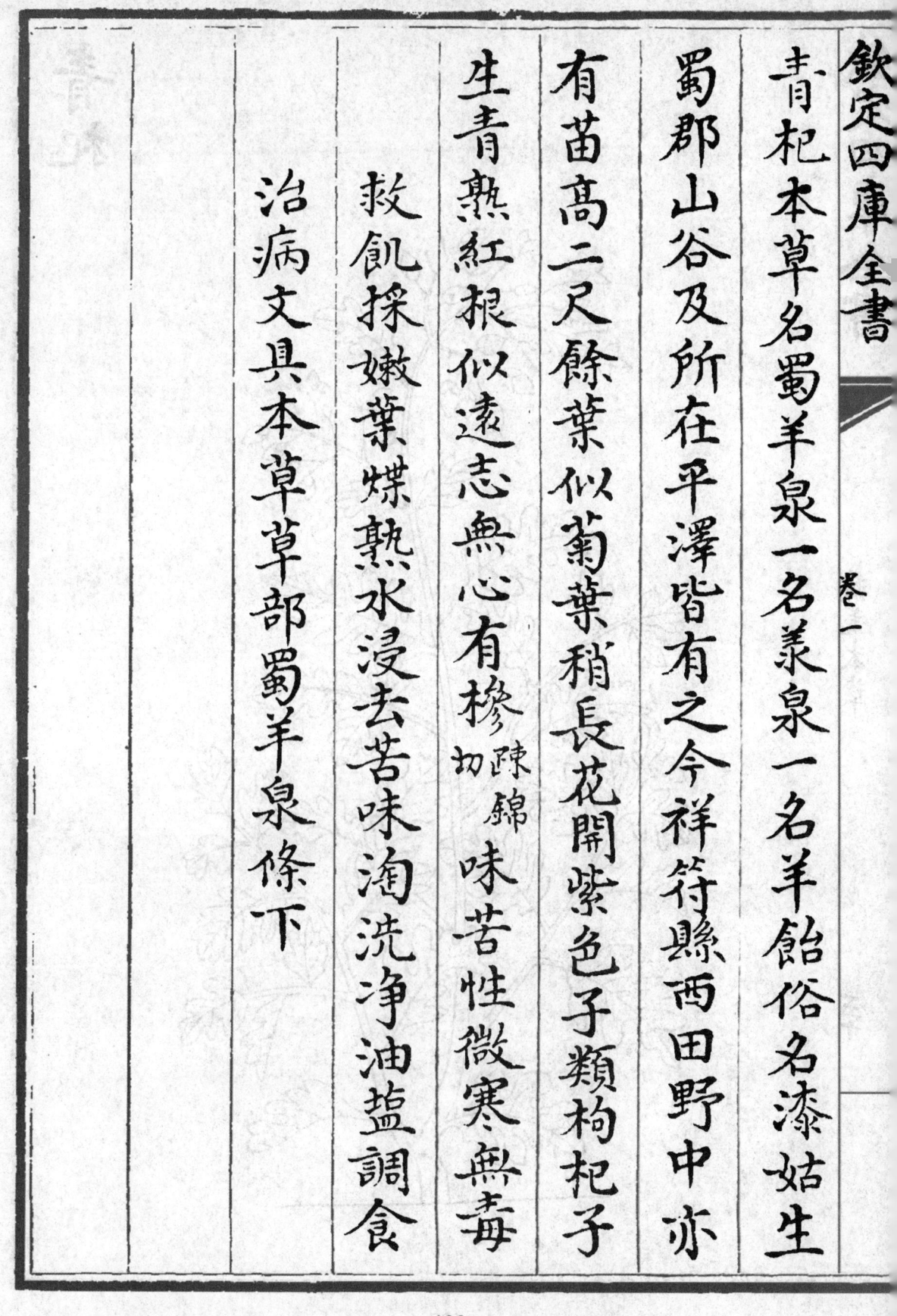

治病文具本草草部蜀羊泉條下

野生薑

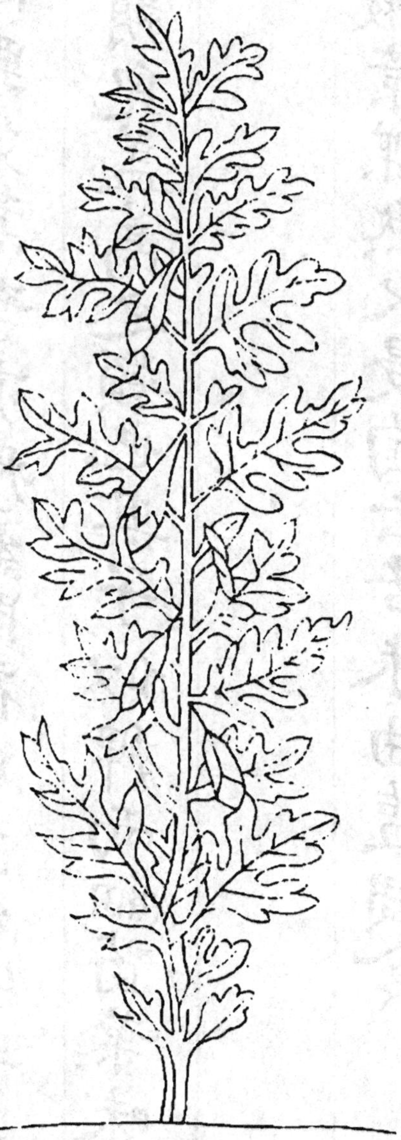

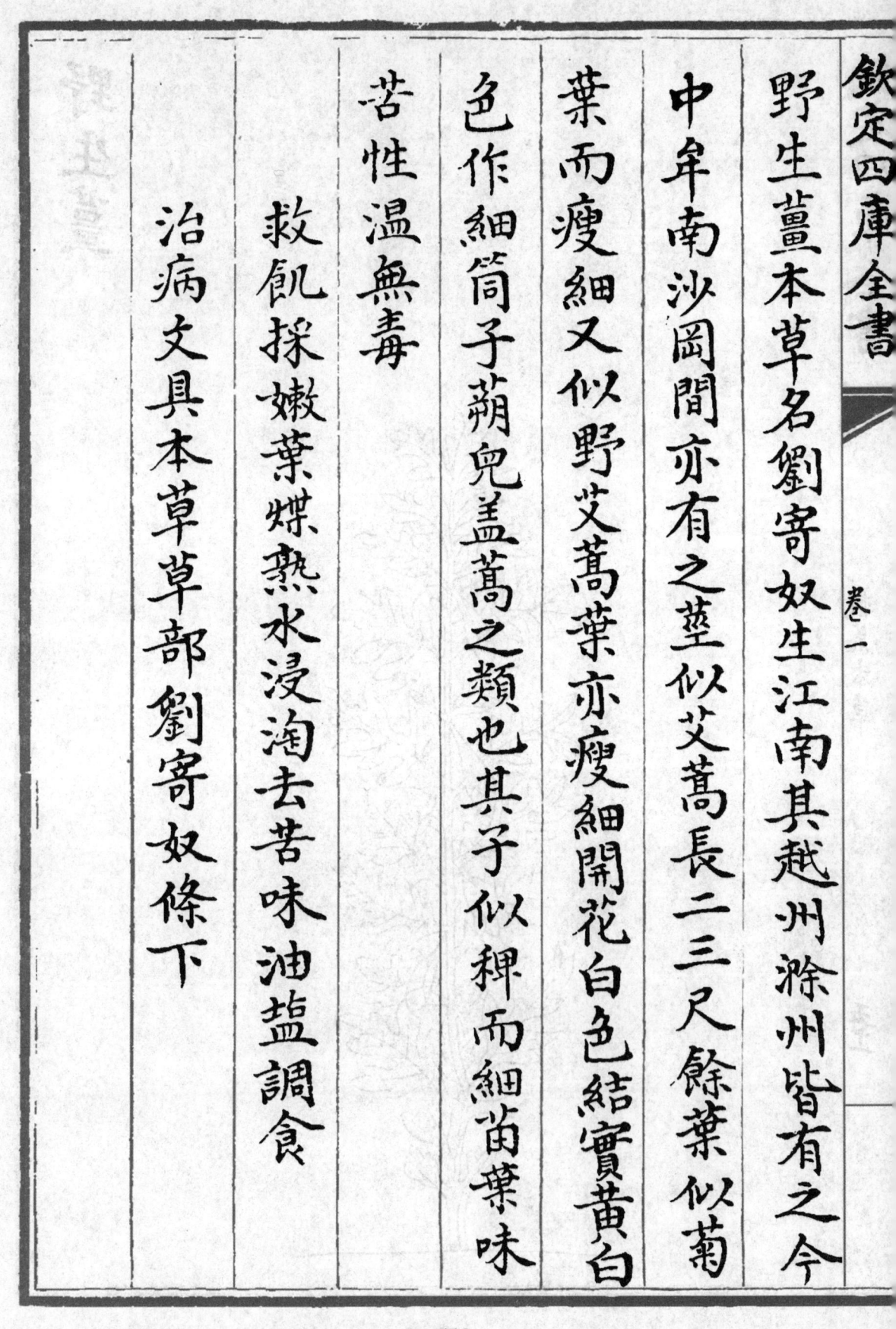

野生薑本草名劉寄奴生江南其越州滁州皆有之今

中牟南沙岡間亦有之莖似艾蒿長二三尺餘葉似菊

葉而瘦細又似野艾蒿葉亦瘦細開花白色結實黃白

色作細筩子蒴兒盖蒿之類也其子似稗而細苗葉味

苦性温無毒

救飢採嫩葉煠熟水浸淘去苦味油盐調食

治病文具本草草部劉寄奴條下

馬蘭頭

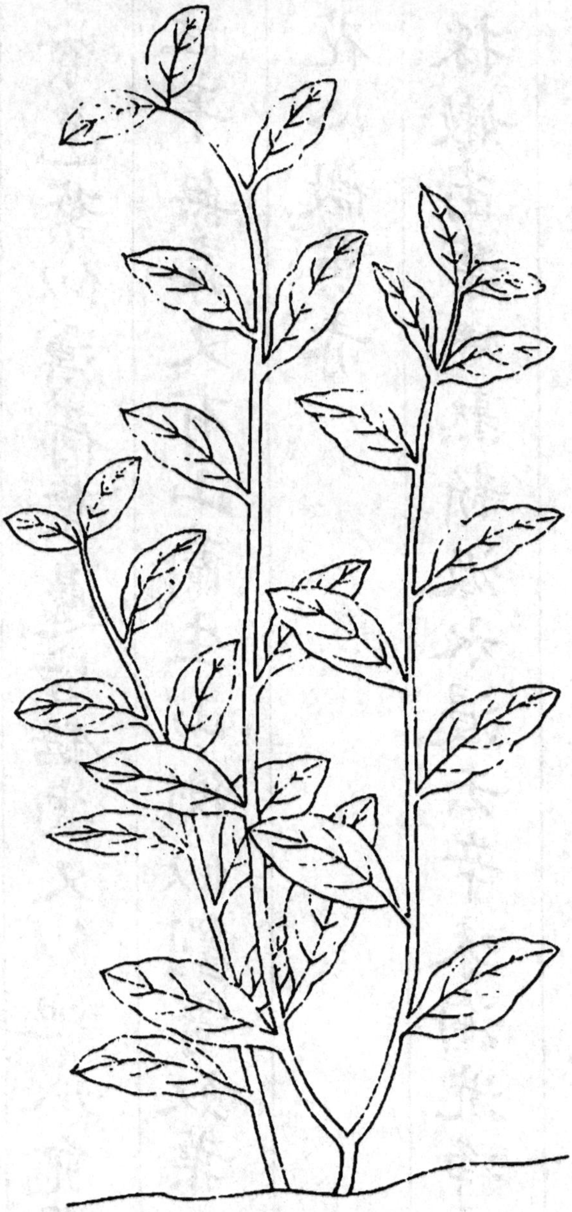

馬蘭頭本草名馬蘭舊不著所出州土云生澤傍如澤蘭北人見其花呼為紫菊以其花似菊而紫也苗高一二尺莖亦紫色葉似薄荷葉邉皆鋸齒又似地瓜兒葉微大味辛性平無毒又有山蘭生山側似劉寄奴葉無椏不對生花心微黃赤

救飢採嫩苗葉煠熟新汲水浸去辛味淘洗淨油

盐調食

治病文具本草草部條下

豨薟

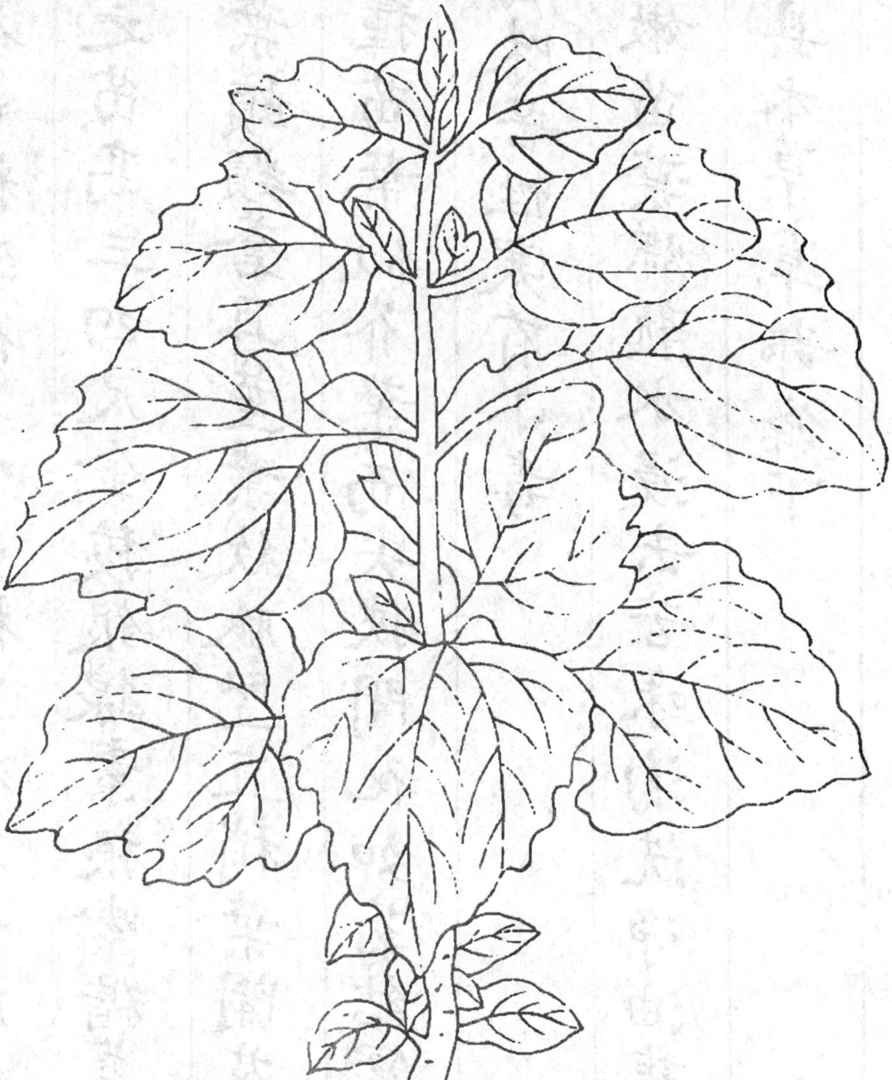

豨薟（音枚）俗名占糊菜俗又呼火枚草舊不著所出州郡今處處有之苗高三四尺金稜銀線素根紫稭莖叉對節而生莖葉頗類蒼耳莖葉紋脈豎直梢葉開花深黃色又有一種苗葉似芥葉而尖狹開花如菊結實頗似鶴虱科苗味苦性寒有小毒

救飢採嫩苗葉煠熟水浸去苦味淘洗淨油鹽調食

治病文具本草草部條下

澤瀉

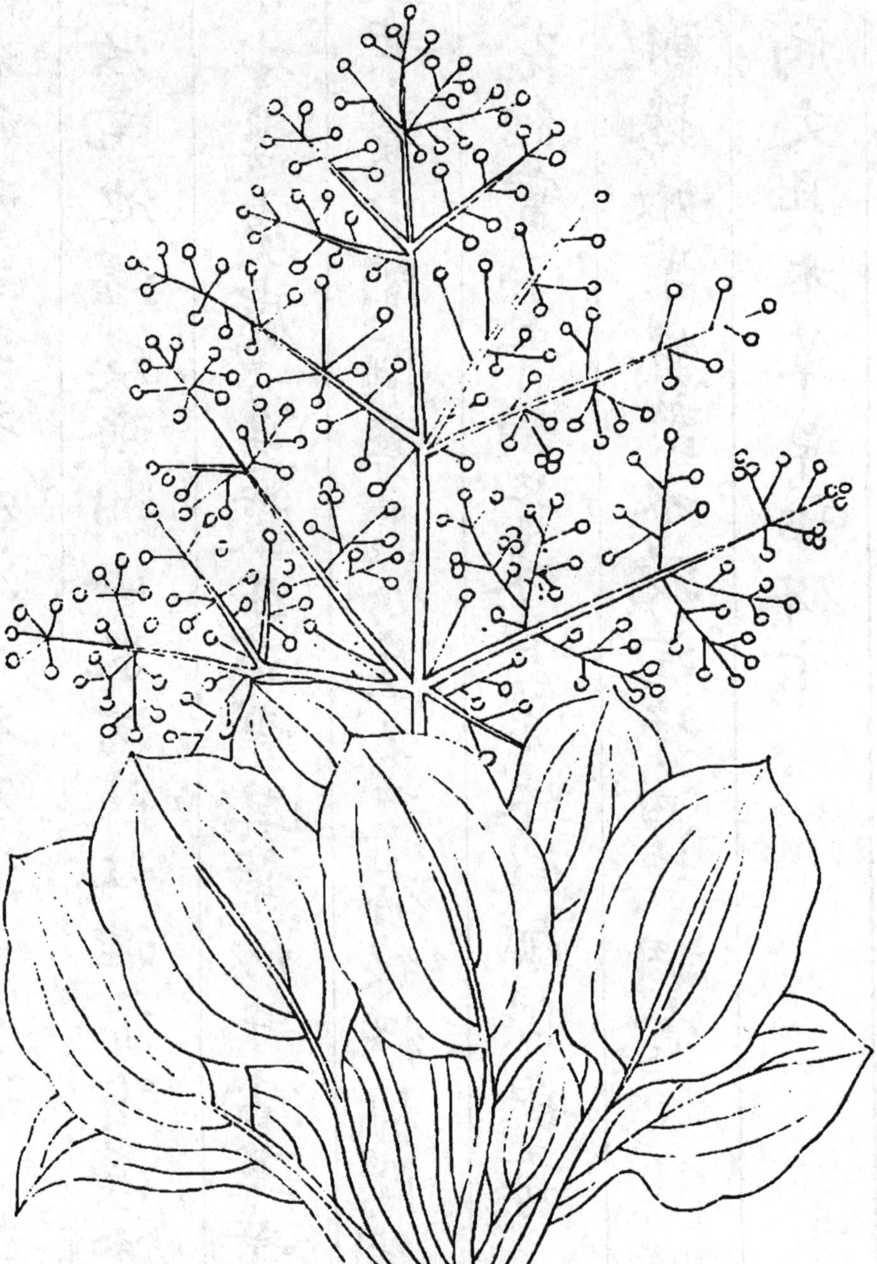

澤瀉俗名水蓍菜一名水瀉一名及瀉一名芒芋一名鵠瀉生汝南池澤及齊州山東河陝江淮亦有漢中者為佳今水邊處處有之叢生苗葉其葉似牛舌草葉紋脈竪直葉叢中間攛葶對分莖叉莖有線楞梢間開三瓣小白花結實小青細子味甘葉味微鹹俱無毒

救飢　採嫩葉煠熟水浸淘淨油塩調食

治病　文具本草草部條下

竹節菜

竹節菜一名翠蝴蝶又名翠娥又名笪竹花一名倭青草南北皆有令新鄭縣山野中亦有之葉似竹葉微寛短莖淡紅色就地叢生攛節似初生嫩葦節梢葉間開翠碧花狀類蝴蝶其葉味甜

救飢採嫩苗葉煠熟油鹽調食

獨掃苗

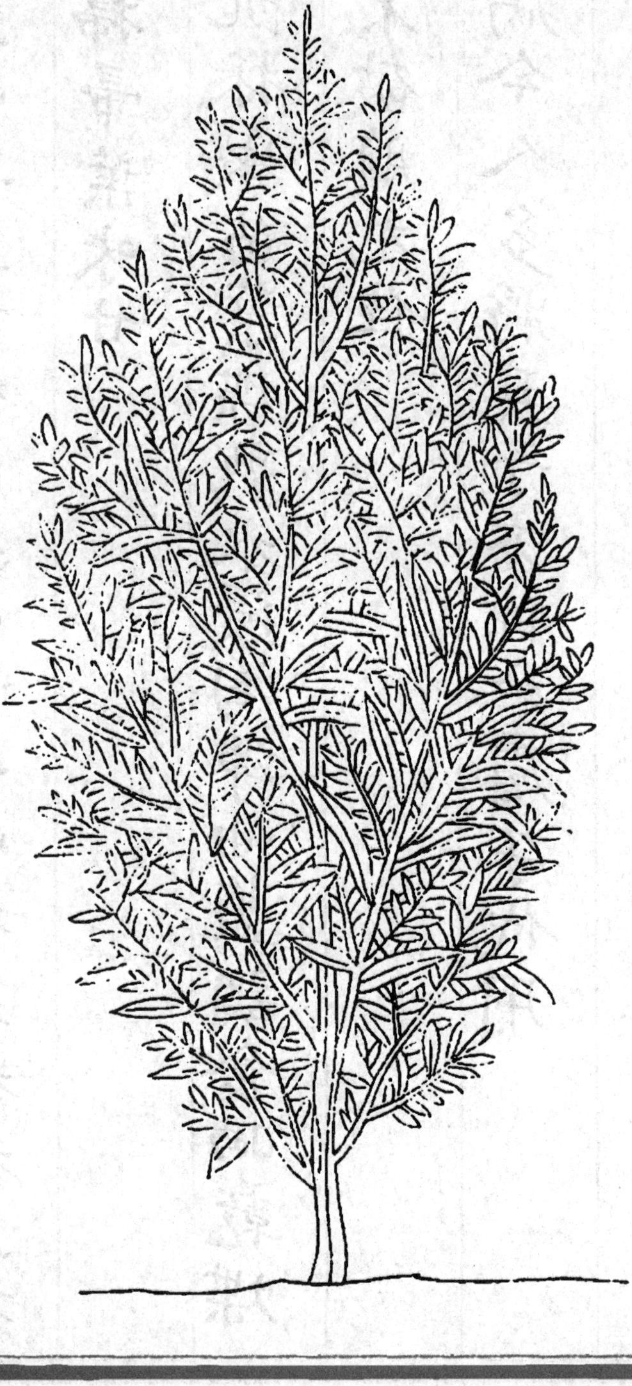

獨掃苗生田野中今處處有之葉似竹形而柔弱細小

抪音布莖而生莖葉梢間結小青子小如粟粒科莖老

時可為掃帚葉味甘

救飢採嫩苗葉煠熟水浸淘淨油鹽調食晒乾煠

食不破腹尤佳

治病令人多將其子亦作地膚子代用

歪頭菜

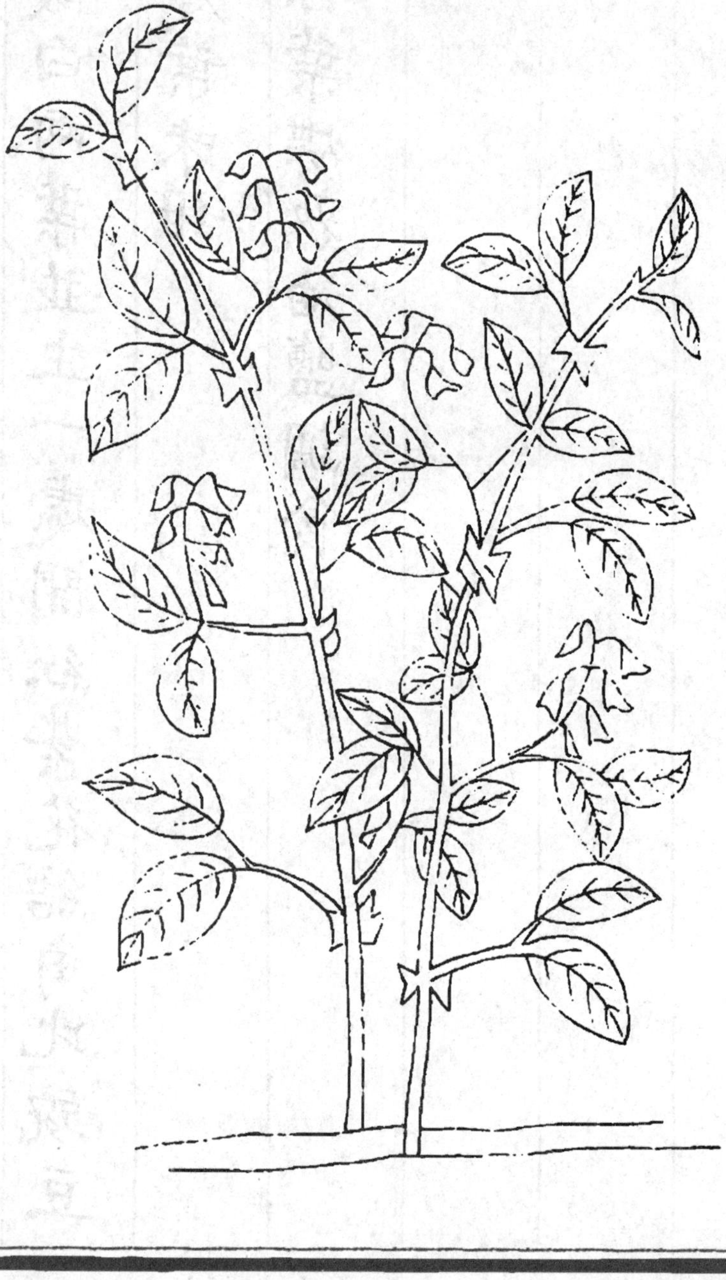

歪頭菜出新鄭縣山野中細莖就地叢生葉似豇豆葉而狹長背微白兩葉並生一處開紅紫花結角比豌豆角短小匾瘦葉味甜

救飢採葉煠熟油鹽調食

兎兒酸

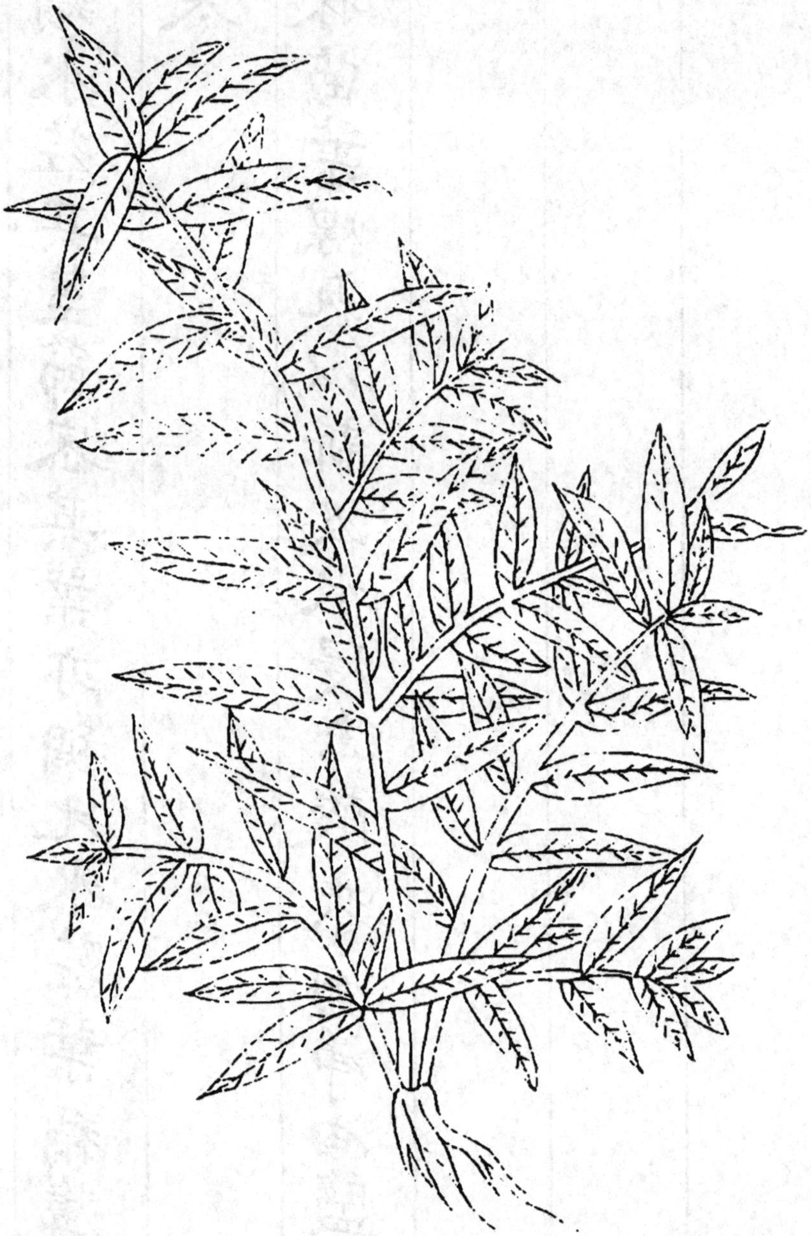

兎兒酸一名兎兒漿所在田野中皆有之苗比水葒矮短莖葉皆類水葒其莖節峩其葉亦稠比水葒葉稍薄小味酸性寒

救飢採苗葉煠熟以新汲水浸去酸味淘淨油鹽調食

鱗蓬

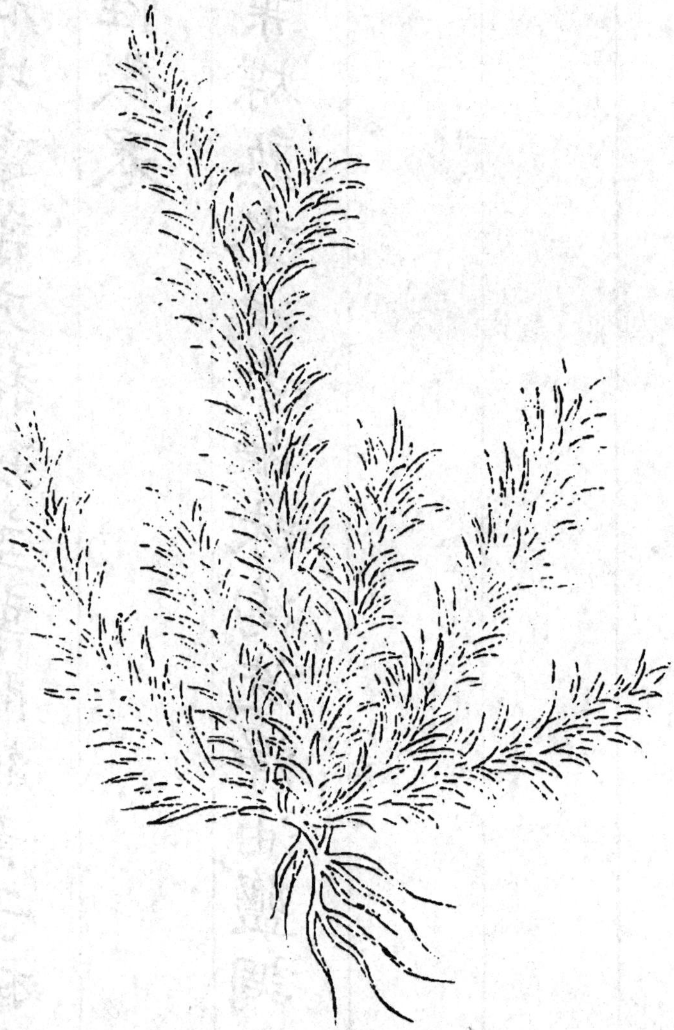

鹻蓬音減　一名鹽蓬生水傍下濕地莖似落藜亦有線

楞葉似蓬而肥壯比蓬葉亦稀疎莖葉間結青子極細

小其葉味微鹹性微寒

救飢採苗葉煠熟水浸去鹻味淘洗淨油鹽調食

蔄蒿

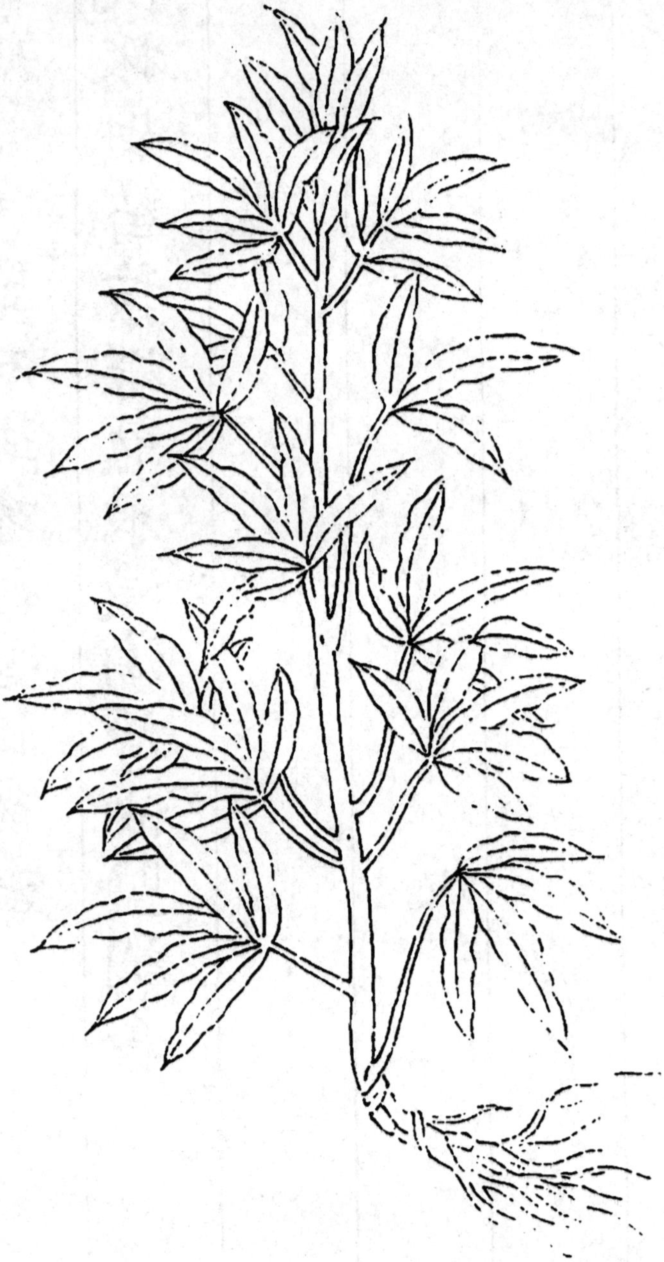

藺蒿田野中處處有之苗高二尺餘莖榦似艾其葉細長鋸齒葉抪音布莖而生味微苦性微温

救飢採嫩苗葉煠熟水浸淘淨油鹽調食

水萵苣

水萵苣一名水菠菜水邊多生苗高一尺許葉似麥藍葉而有細鋸齒兩葉對生每兩葉間對叉又生兩枝梢間開青白花結小青膏葖如小椒粒大其葉味微苦性寒

救飢採苗葉煠熟水淘淨油鹽調食

金盞菜

金盞菜一名地冬瓜菜生田野中苗高二三尺莖初微赤而有線路葉似綿柳葉微厚而而生莖葉稠宻開花紫色黄心其葉味甘微鹹

救飢採苗葉煠熟水淘淨油鹽調食

水辣菜

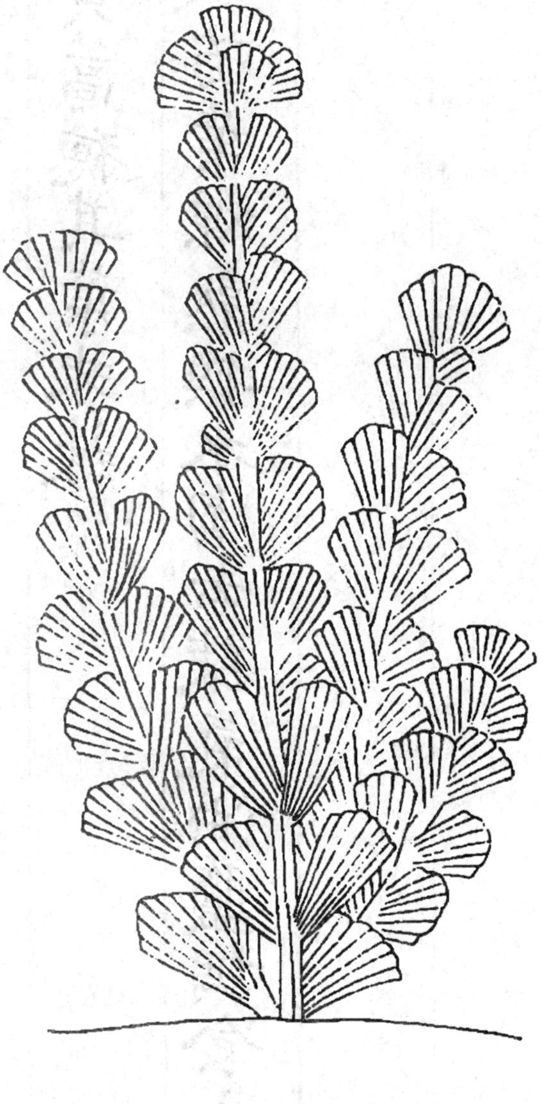

水辣菜生水邊下濕地中苗高一尺餘莖圓葉似雞兒腸葉頭微齊短又似馬蘭頭葉亦更齊短其葉抪莖生梢間出穗如黃蒿穗其葉味辣

救飢採嫩苗葉煠熟換水淘去辣氣油鹽調食生亦可食

紫雲菜

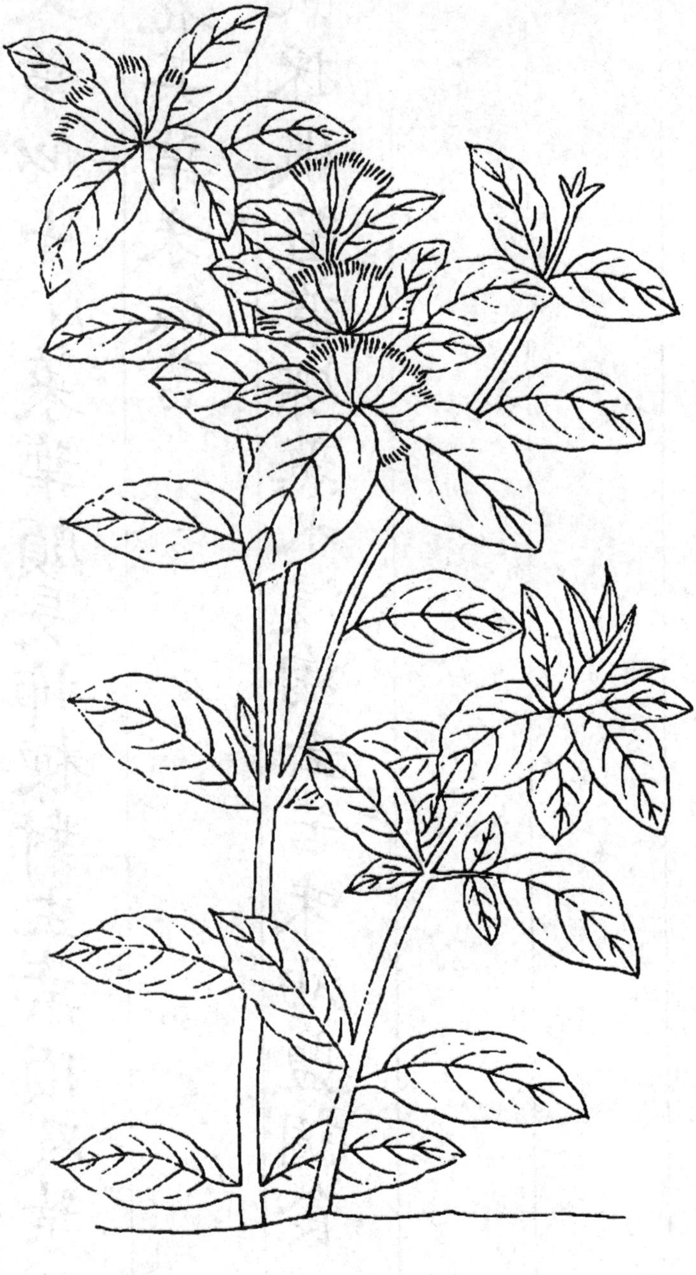

紫雲菜生密縣付家衝山野中苗高一二尺莖方紫色對節生乂葉似山小菜葉頗長梢梗對生葉頂及葉間開淡紫花其葉味微苦

救飢採嫩苗葉煠熟水浸淘去苦味油鹽調食

鴉葱

鴉葱生田野中葉瓣尖長搨地而生葉似初生蓟秫葉而小又似初生大藍葉細窄而尖其葉邊皆曲皺葉中攛葶上結小蓇葖後出白英味微辛

救飢採苗葉煠熟油鹽調食

匙頭菜

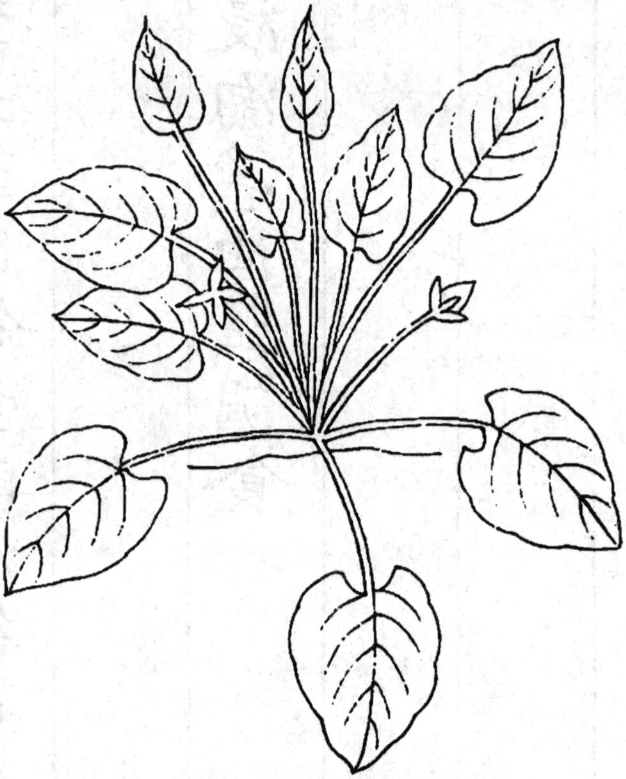

匙頭菜生密縣山野中作小科苗其莖面窊五化切背圓葉似團匙頭樣有如杏葉大邊微鋸齒開淡紅花結子黃褐色其葉味甜

救飢採葉煠熟水浸淘淨油鹽調食

鷄冠菜

鷄冠菜生田野中苗高尺餘葉似青葙菜葉而窄小又似山菜葉而窄艄梢間出穗似兎兒尾穗却微細小開粉紅花結實如莧菜子苗葉味苦

救飢採苗葉煠熟水浸淘去苦氣油鹽調食

水蔓菁

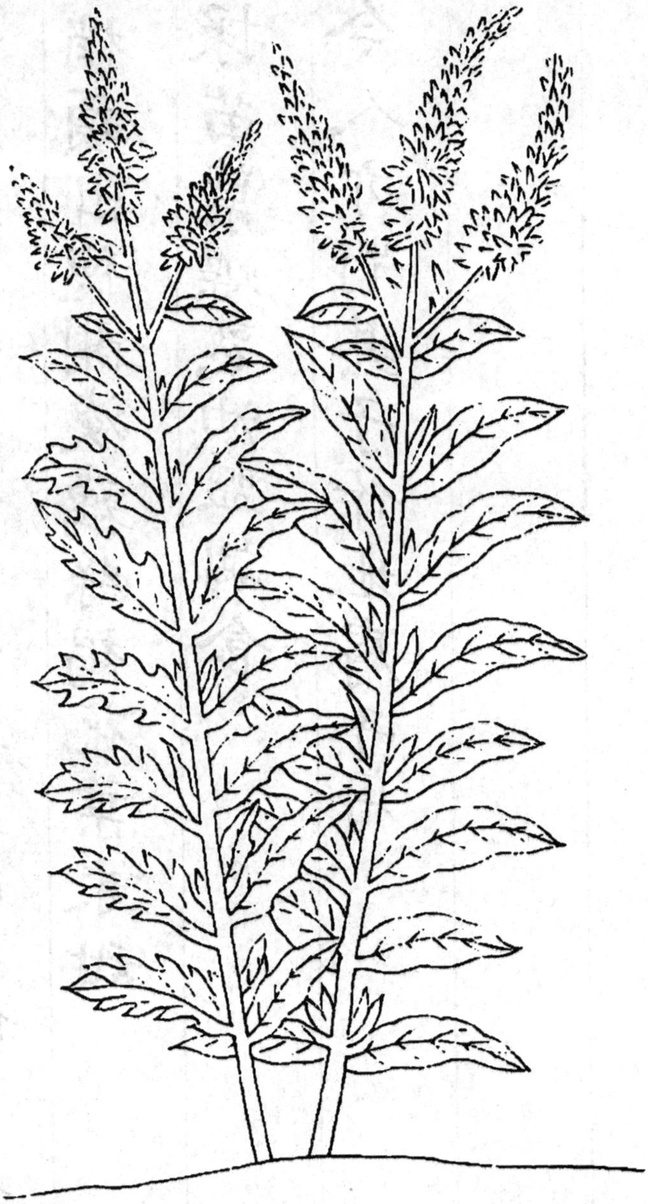

水蔓菁一名地膚子生中牟縣南沙崗中苗高一二尺葉彷彿是地瓜兒葉却甚短小捲邊窊面又似鷄兒腸葉頗尖艄梢頭出穗開淡藕絲褐花葉味甜

救飢採苗葉煠熟油鹽調食

治病令人亦將其子作地膚子用

野園荽

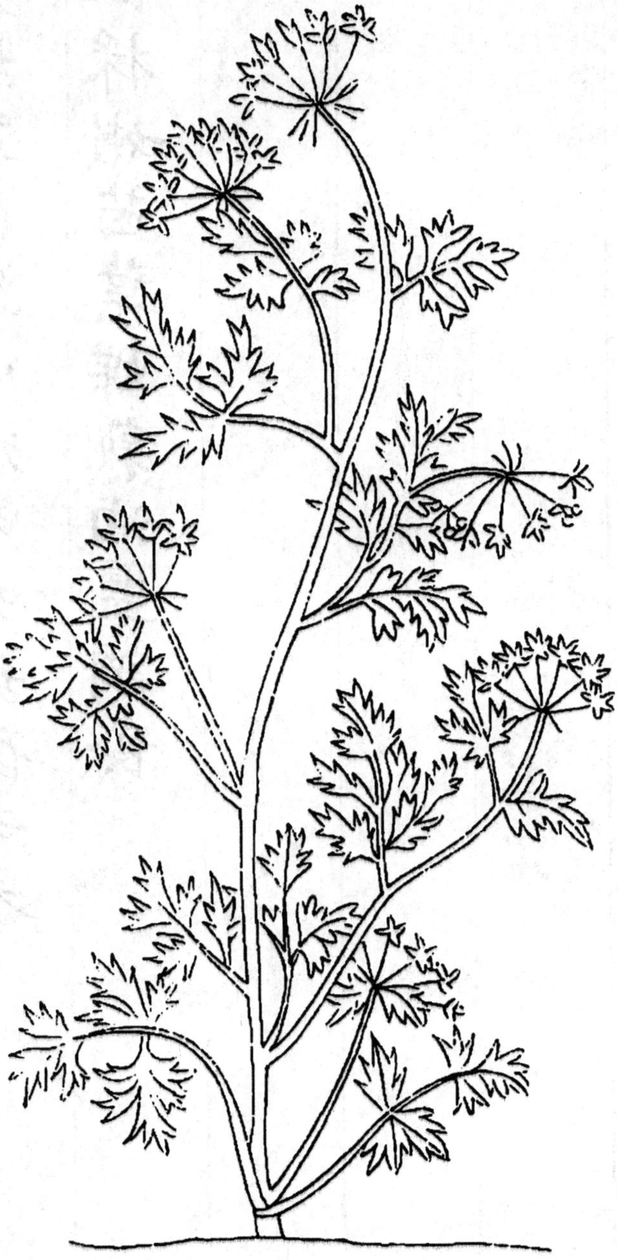

野園荽音雖生祥符西北田野中苗高一尺餘苗葉結實皆似家胡荽但細小瘦窄味甜微辛香

救飢採嫩苗葉煠熟油鹽調食

牛尾菜

牛尾菜生輝縣鴉子口山野間苗高二三尺葉似龍鬚
菜葉葉間分生叉枝及出一細絲蔓又似金剛刺葉而
小紋脉皆竪莖葉梢間開白花結子黑色其葉味甘

救飢採嫩葉煠熟水浸淘淨油鹽調食

山萮菜

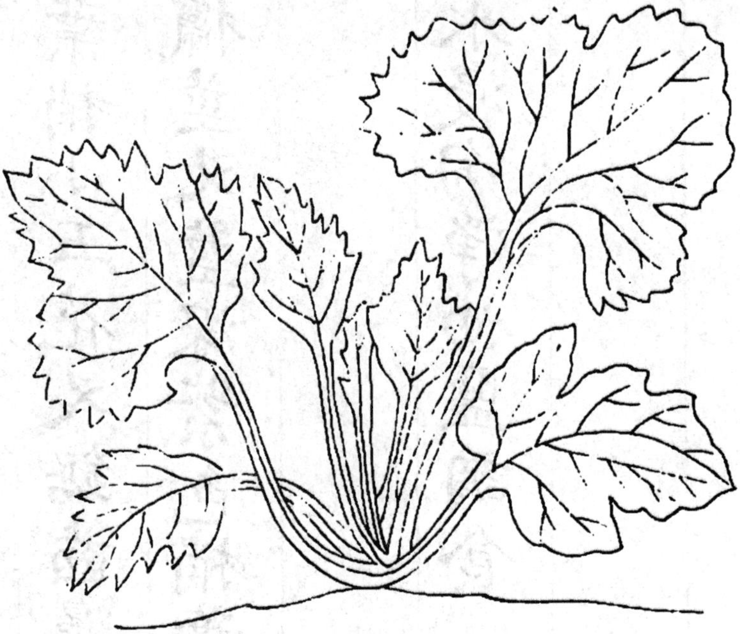

山蓊菜生密縣山野中苗初搨地生其葉之莖背圓面窊五化切葉似初出冬蜀葵葉稍小五花叉鋸齒邊又似蔚臭苗葉而硬厚頗大後攛莖叉莖深紫色梢葉頗小味微辣

救飢採苗葉煠熟換水浸淘淨油鹽調食

綿絲菜

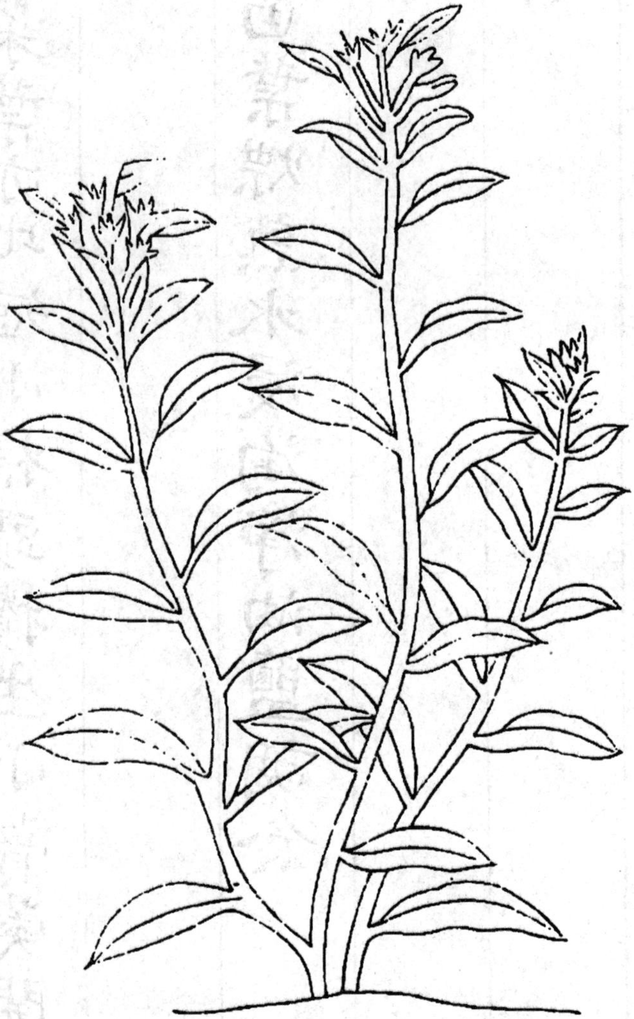

綿絲菜生輝縣山野中苗高一二尺葉似兎兒尾葉但短小又似柳葉菜葉亦比短小梢頭攢生小蓇葖開黲白花其葉味甜

救飢採嫩苗葉煠熟水浸淘淨油鹽調食

米蒿

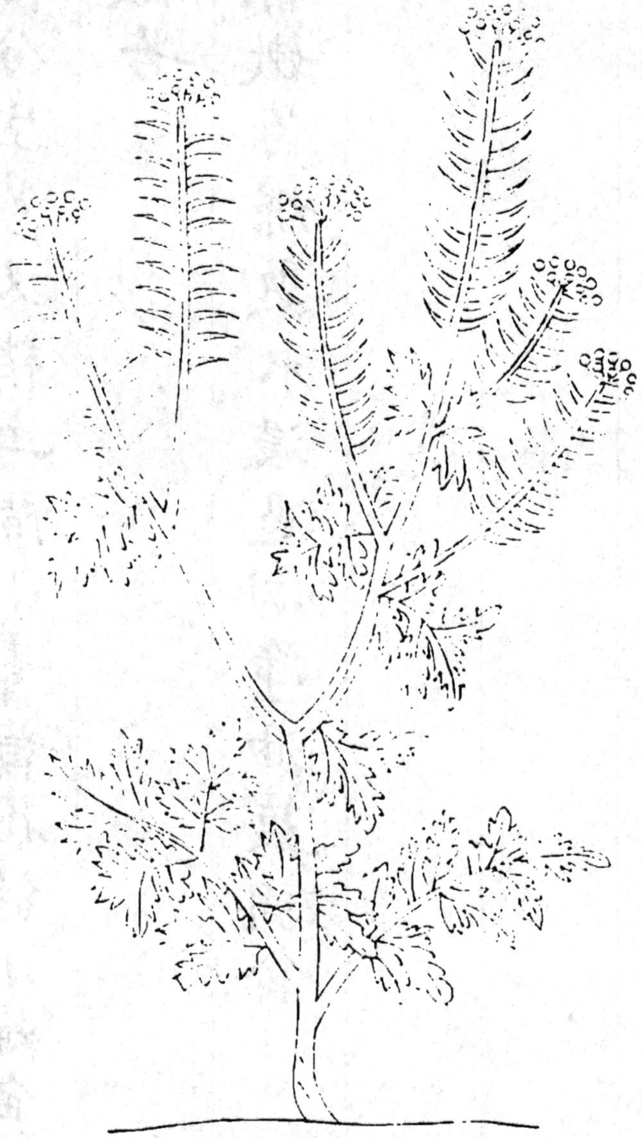

米蒿生田野中所在處處有之苗高尺許葉似園荽葉微細葉叢間分生莖叉梢上開小青黃花結小細角似葶藶葉兒葉微苦

救飢採嫩苗煠熟水浸過淘淨油鹽調食

山芥菜

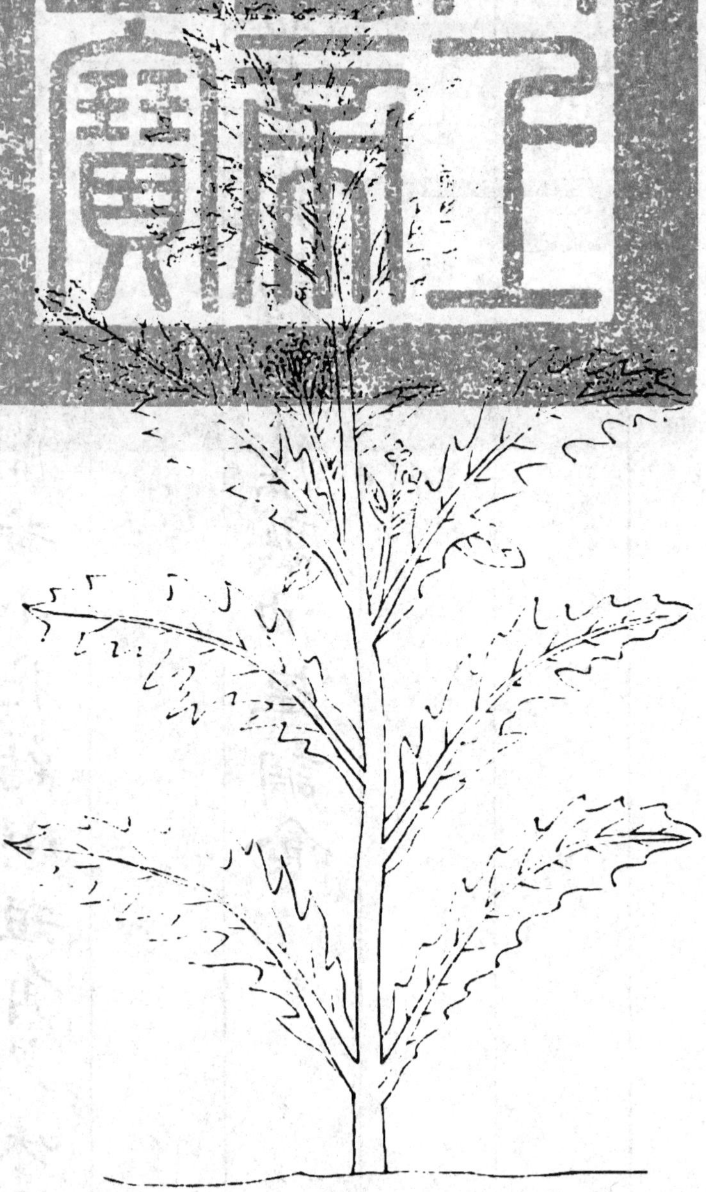

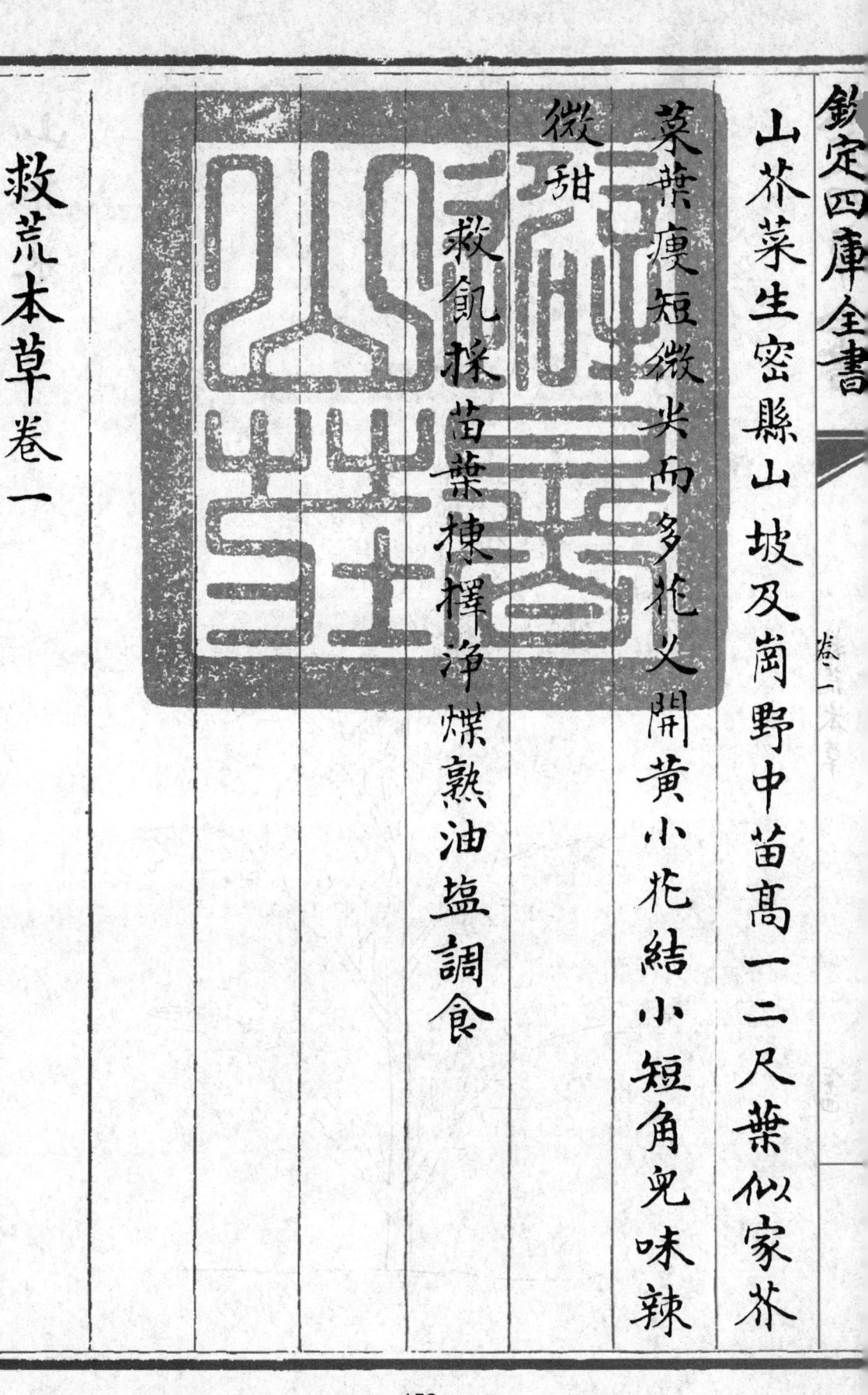

山芥菜生密縣山坡及崗野中苗高一二尺葉似家芥菜葉瘦短微尖而多花义開黃小花結小短角兒味辣微甜

救飢採苗葉揀擇淨煠熟油塩調食

救荒本草卷一

欽定四庫全書

救荒本草卷二

明　朱橚　撰

草部

葉可食

救荒本草卷二

欽定四庫全書

舌頭菜

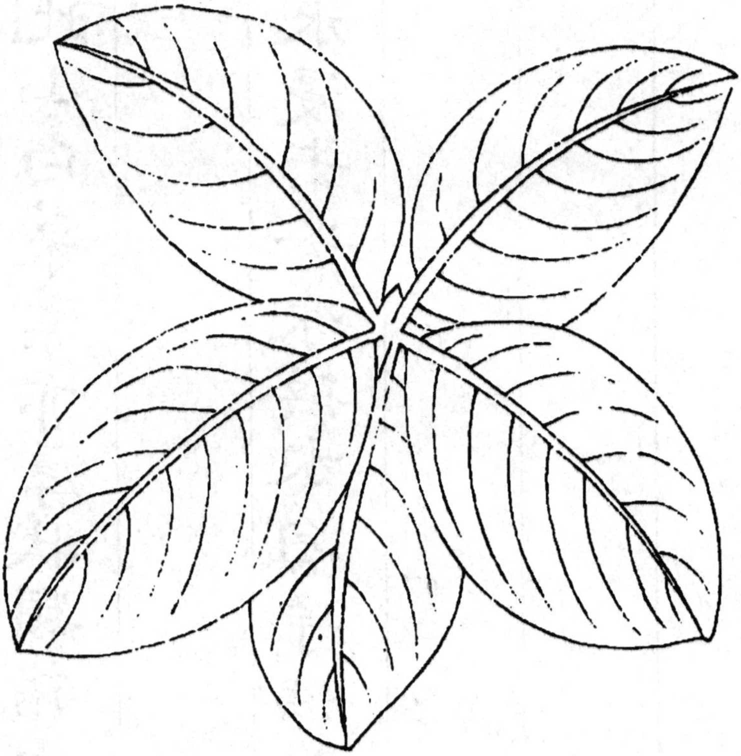

舌頭菜生密縣山野中苗葉搨地生葉似山白菜葉而
小頭頗團葉面不皺比山白菜葉亦厚狀類猪舌形故
以為名味苦

救飢採葉煠熟水浸去苦味換水淘淨油鹽調食

紫香蒿

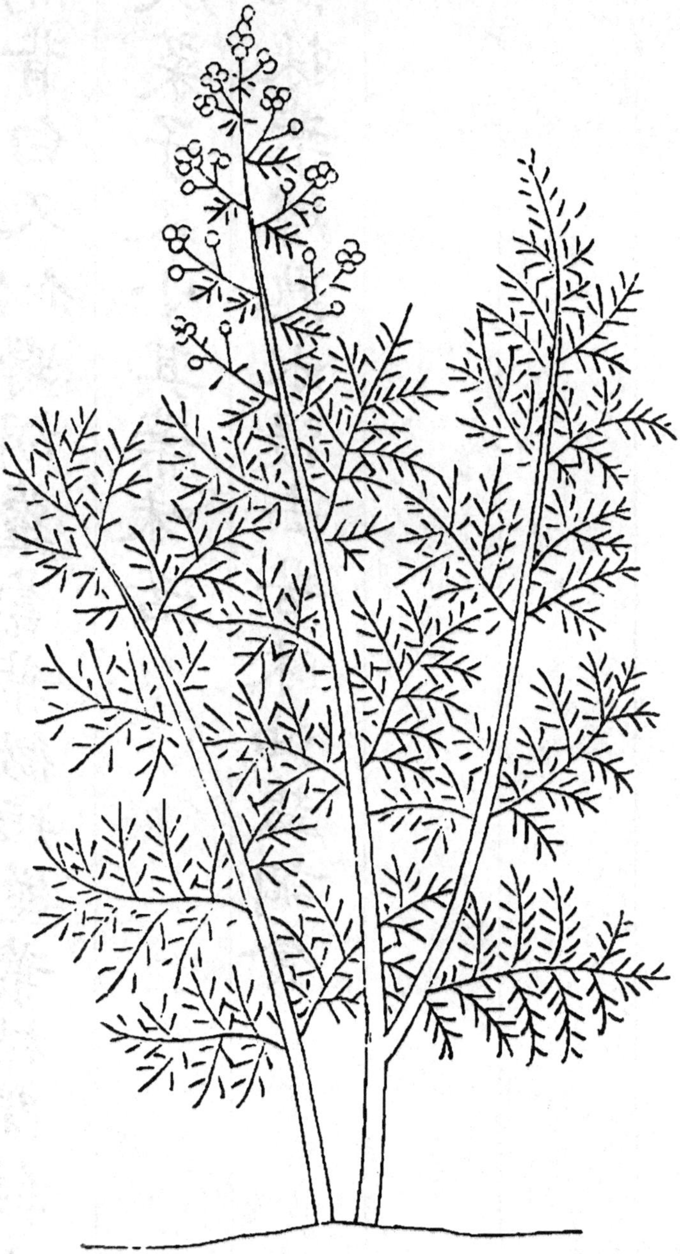

紫香蒿生中牟縣平野中苗高一二尺莖方紫色葉似邪蒿葉而背白又似野胡蘿蔔葉微短莖葉梢間結小青子比灰菜子又小其葉味苦

救飢採葉煠熟水浸去苦味油鹽調食

金盞兒花

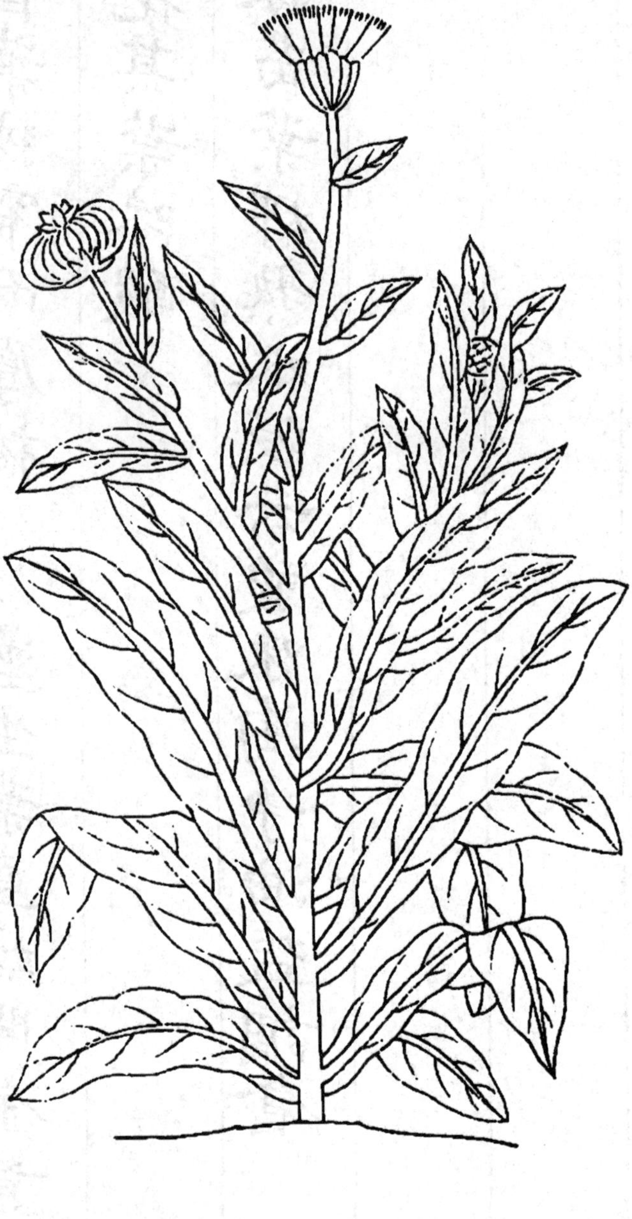

金盞兒花人家園圃中多種苗高四五寸葉似初生萵苣葉比萵苣葉狹窄而厚捬音布莖生葉莖端開金黄色盞子樣花其葉味酸

救飢採苗葉煠熟水浸去酸味淘净油盐調食

六月菊

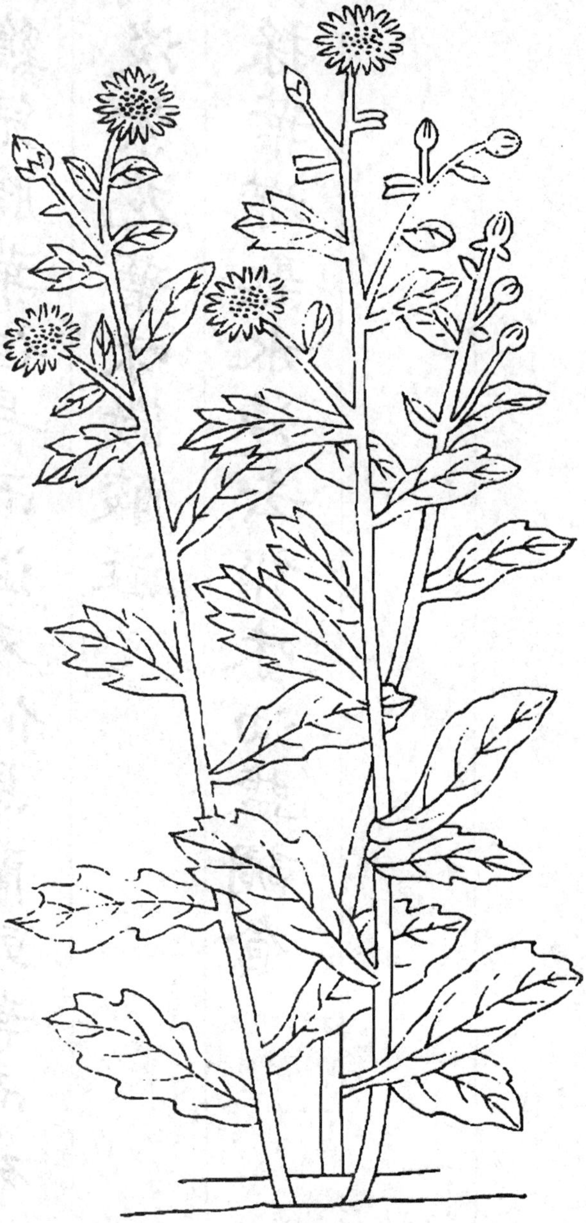

六月菊生祥符西田野中苗高一二尺莖似鉄桿音杆蒿莖葉似鷄兒腸葉但長而澁又似馬蘭頭葉而硬短梢葉間開淡紫花葉味微酸澁

救飢採葉煠熟水浸去邪味油塩調食

費菜

費菜生輝縣太行山車箱衝山野間苗高尺許葉似火焰草葉而小頭頗齊上有鋸齒其葉抪音布莖而生葉稍上開五瓣小尖淡黄花結五瓣紅小花蒴兒苗葉味酸

救飢採嫩苗葉煠熟換水淘去酸味油鹽調食

千屈菜

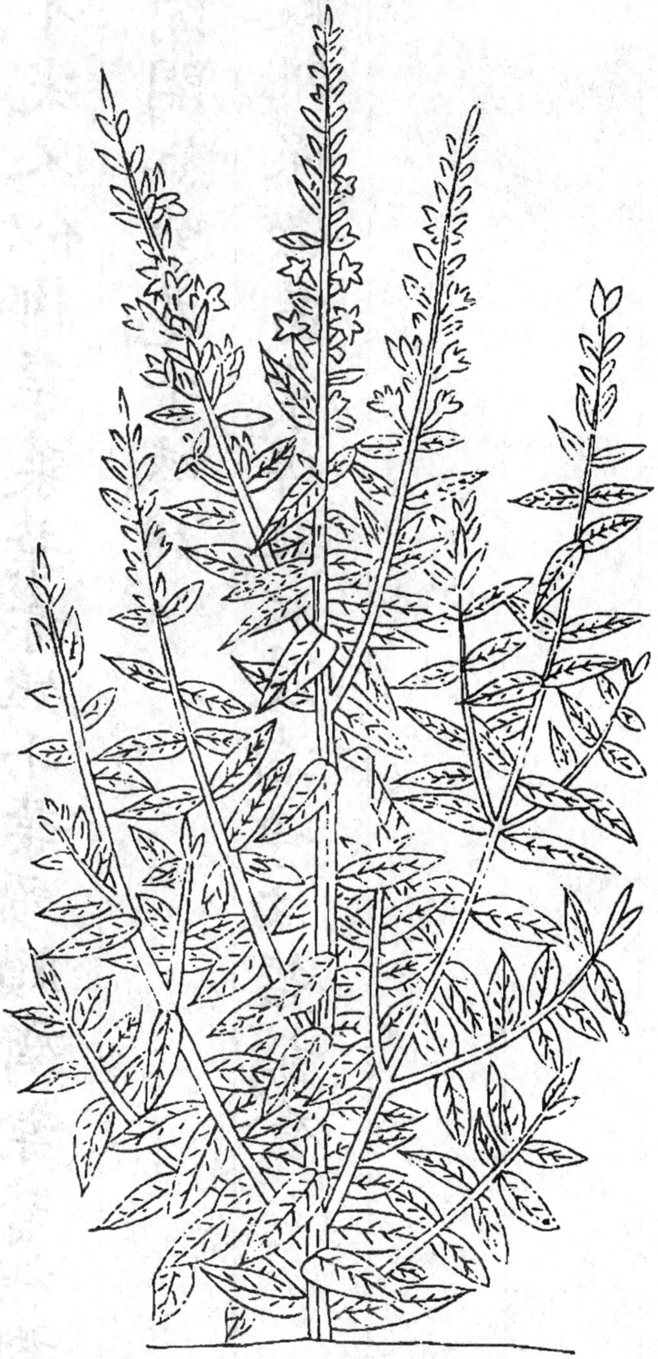

千屈菜生田野中苗高二尺許莖方四楞葉似山梗菜葉而不尖又似柳葉菜葉亦短小葉頭頗齊葉皆相對生稍間開紅紫花葉味甜

救飢採嫩苗葉煠熟水浸淘淨油鹽調食

柳葉菜

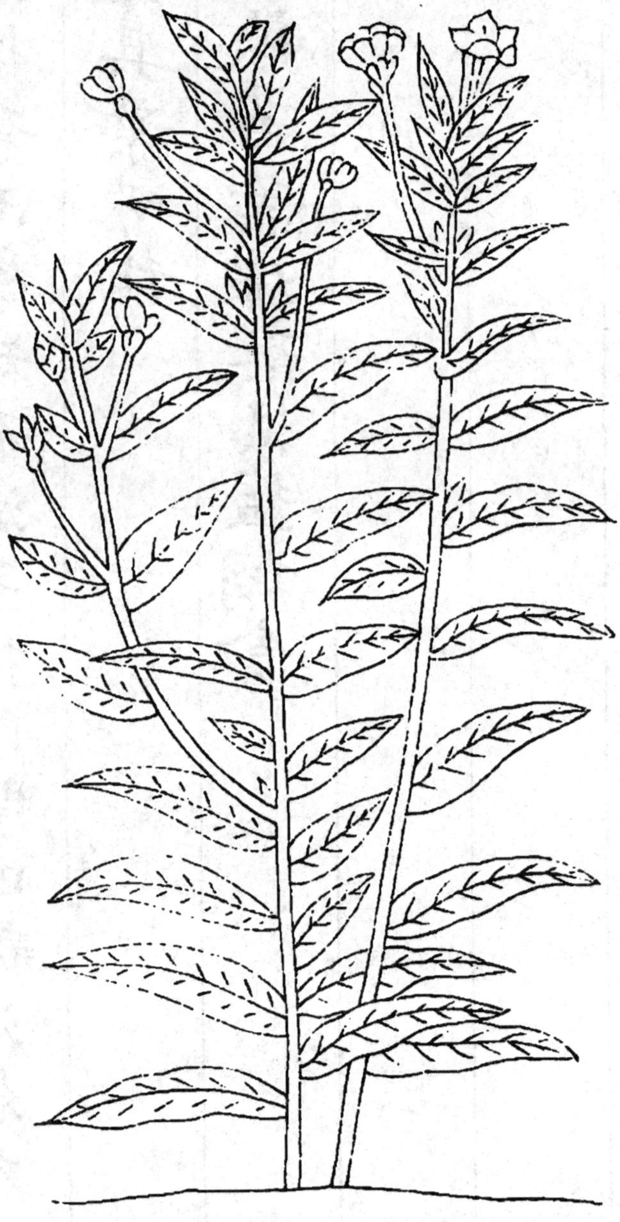

椰葉菜生鄭州賈峪音欲山山野中苗髙二尺餘莖淡紅色葉似椰葉而厚短有澁毛梢間開四瓣深紅花結細長角兒其葉味甜

救飢採苗葉煠熟油盐調食

婆婆指甲菜

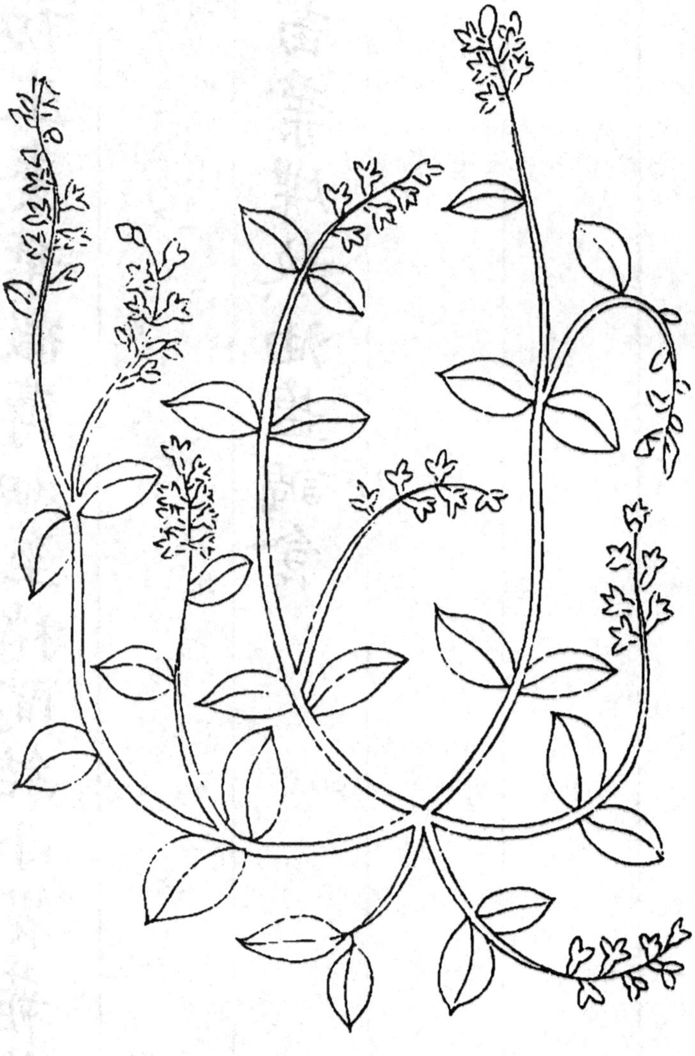

婆婆指甲菜生田野中作地欑音灘科生莖細弱葉像女人指甲又似初生棗葉微薄細莖梢間結小花蒴苗葉味甘

救飢採嫩苗葉煠熟油塩調食

鉄桿蒿

鉄桿蒿生田野中苗莖高二三尺葉似獨掃葉微肥短又似扁蓄葉而短小分生莖叉梢間開淡紫花黃心葉味苦

救飢採葉煠熟淘去苦味油盐調食

山甜菜

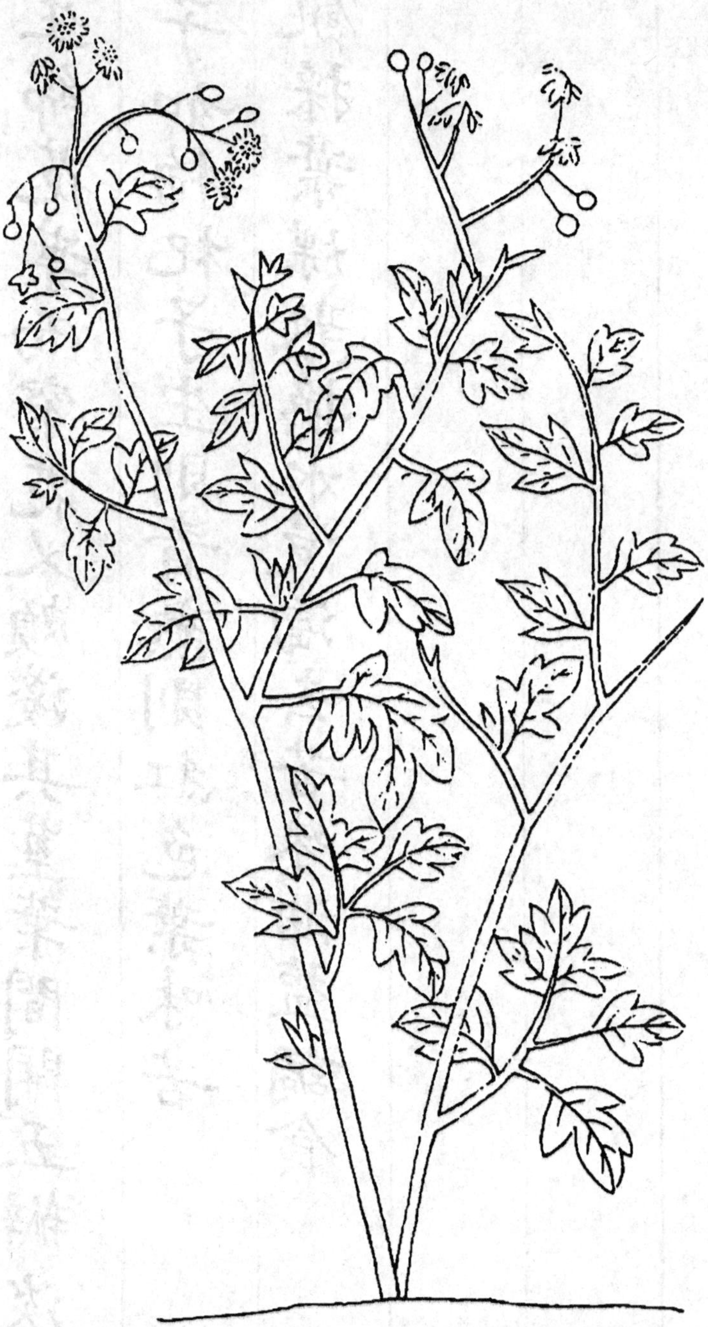

山甜菜生密縣韶華山山谷中苗高二三尺莖青白色
葉似初生綿花葉而窄花叉頗淺其莖葉間開五瓣淡
紫花結子如枸杞子生則青熟則紅色葉味苦
救飢採葉煠熟換水浸淘去苦味油盐調食

剪刀股

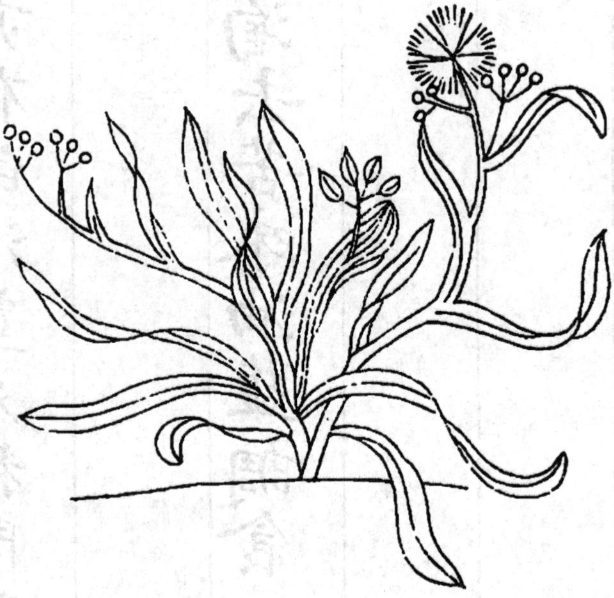

剪刀股音古　生田野中處處有之就地作小科苗葉似嫩苦苣葉而細小色頗似藍亦有白汁莖叉梢間開淡黄花葉味苦

救飢採苗葉煠熟水浸淘去苦味油塩調食

水蘇子

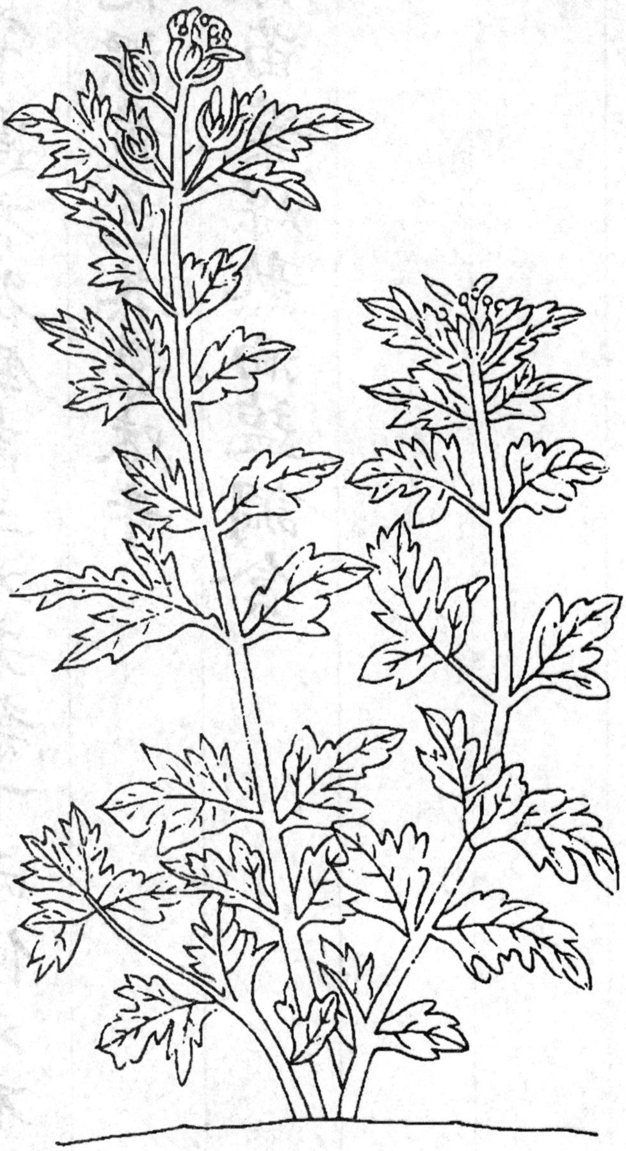

水蘇子生下溼地莖淡紫色對生莖叉葉亦對生其葉似地瓜葉而窄邊有花鋸齒三叉尖葉下兩傍又有小叉葉稍開花深黄色其葉味辛

救飢採苗葉煠熟油盬調食

風花菜

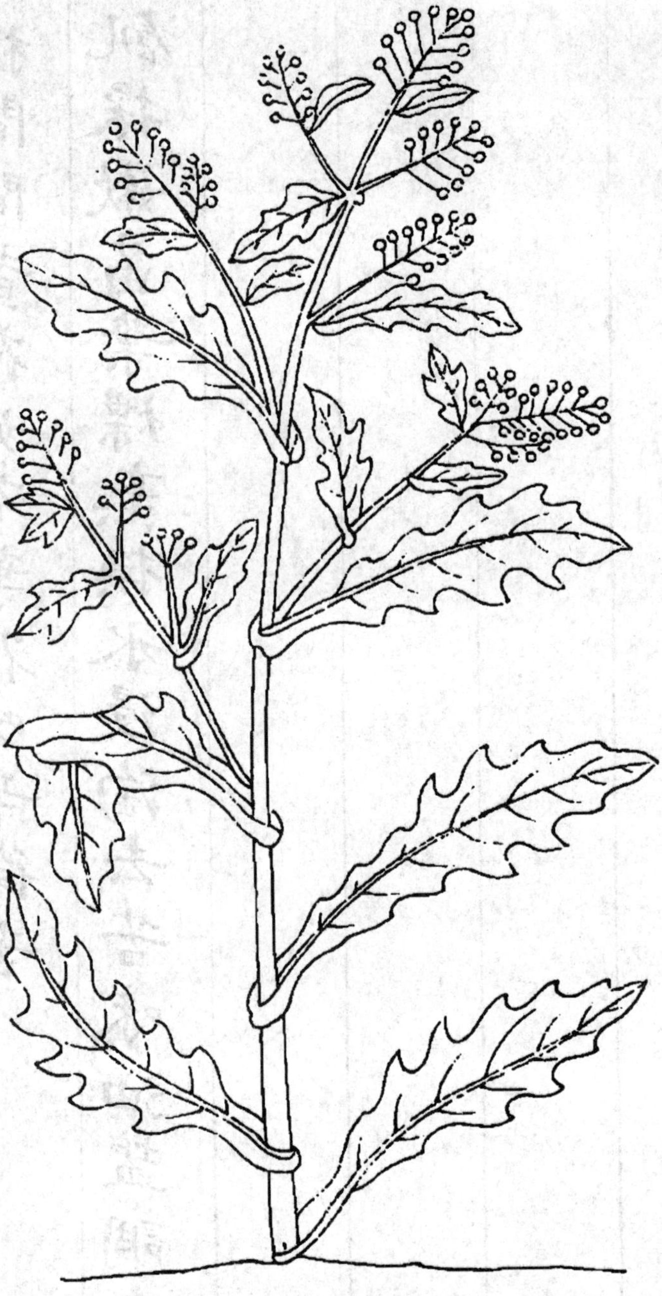

風花菜生田野中苗高二尺餘葉似芥菜葉而瘦長又多花叉梢間開黄花如芥葉花味辛微苦

救飢採嫩苗葉煠熟換水浸淘去苦味油塩調食

鵝兒腸

鵝兒腸生許州水澤邊就地妥莖而生對節生葉葉似
蹐豆葉而薄又似佛指甲葉微艄葉間分生枝乂開白
花結子似葶藶子其葉味甜
救飢採苗葉煠熟油鹽調食

粉條兒菜

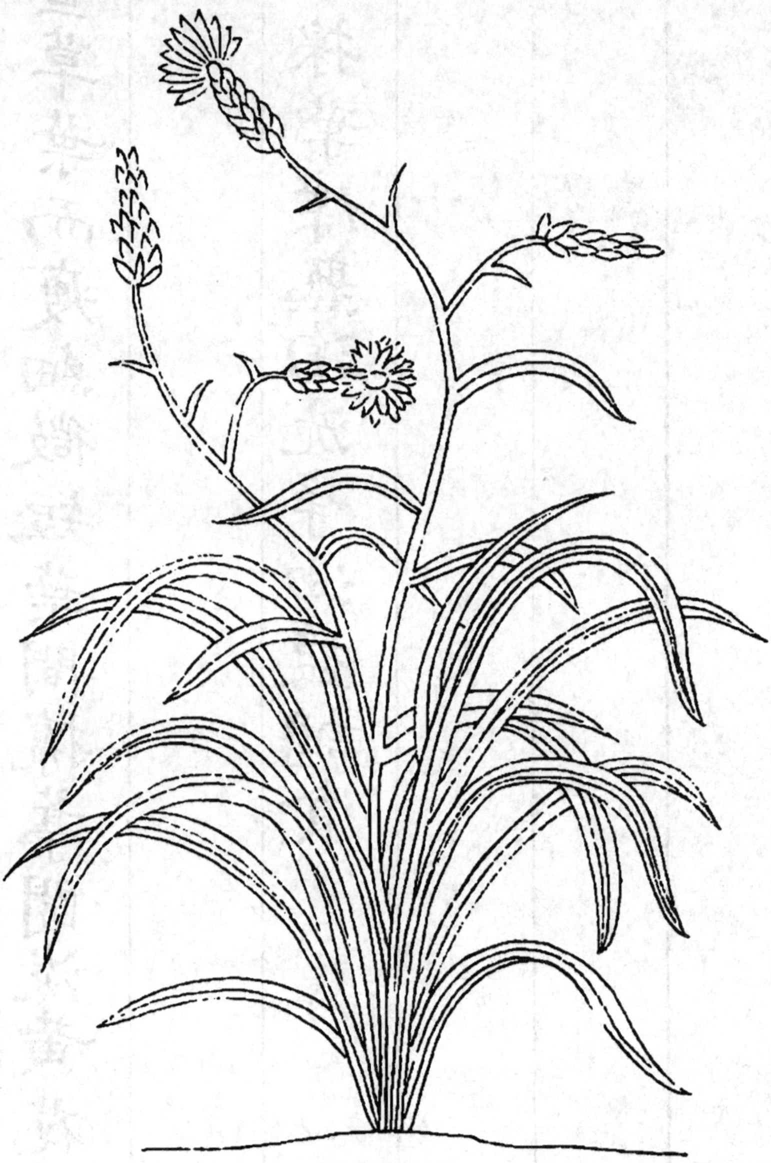

粉條兒菜生田野中其葉初生就地叢生長則四散分垂葉似萱草葉而瘦細微短葉間攛葶開淡黃花葉味甜

救飢　採葉煠熟淘洗淨油鹽調食

辣辣菜

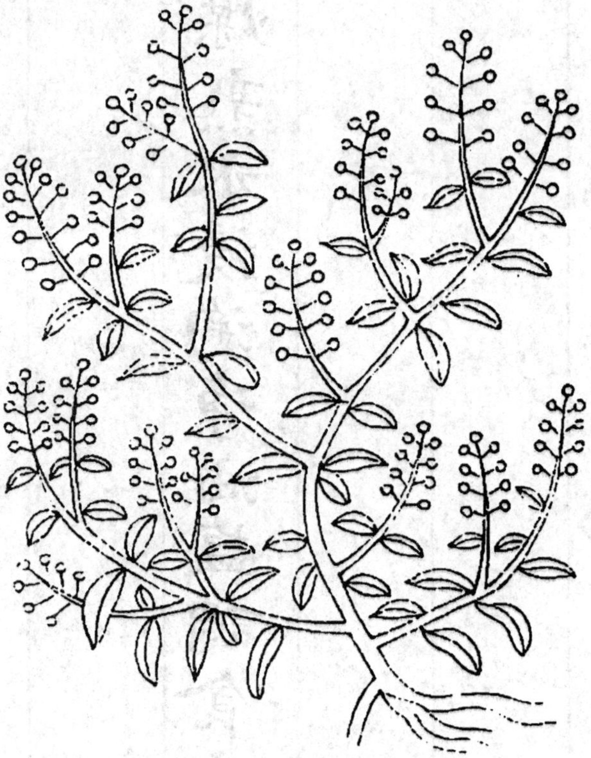

辣辣菜生荒野中今處處有之苗高五七寸初生尖葉後分枝莖上出長葉開細青白花結小匾蒴其子似米蒿子黄色味辣

救飢採嫩苗葉煠熟水浸淘浄油盐調食生揉亦可食

毛連菜

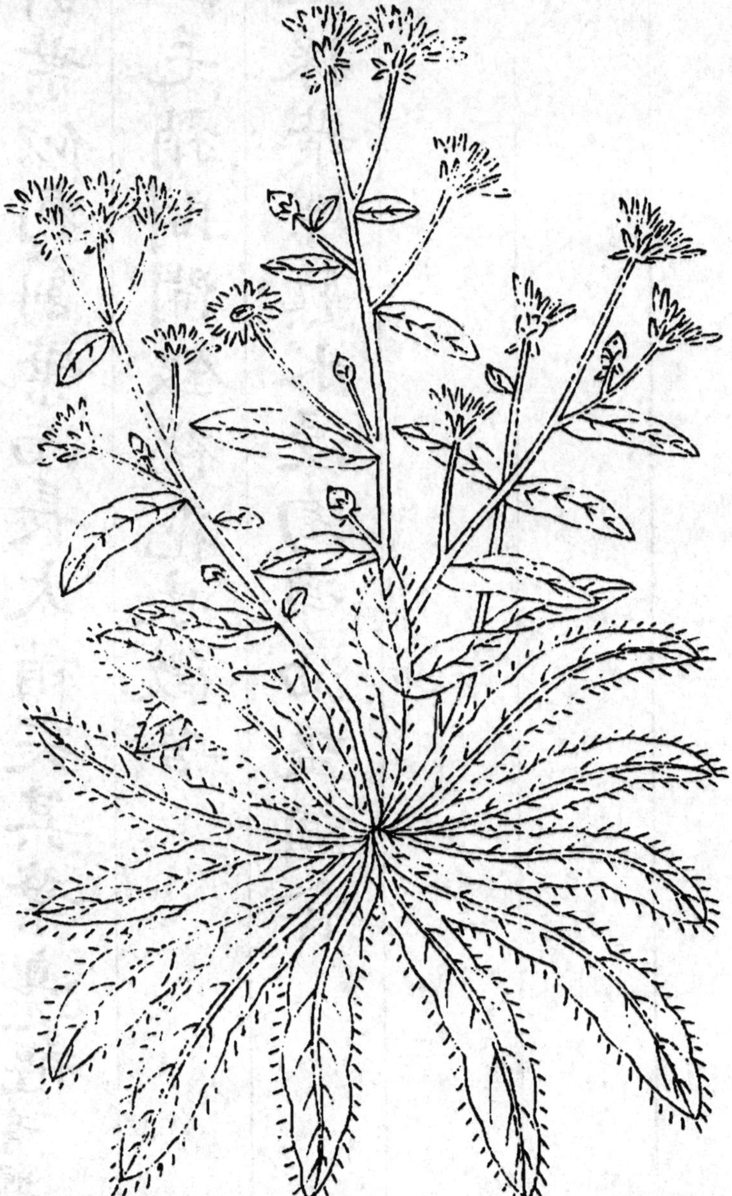

毛連菜一名常十八生田野中苗初搨地生後攛莛乂高二尺許葉似刺薊葉而長大稍尖其葉邊褗音堰曲皺上有澁毛稍間開銀褐花味微苦

救飢採葉煠熟水浸淘淨油鹽調食

小桃紅

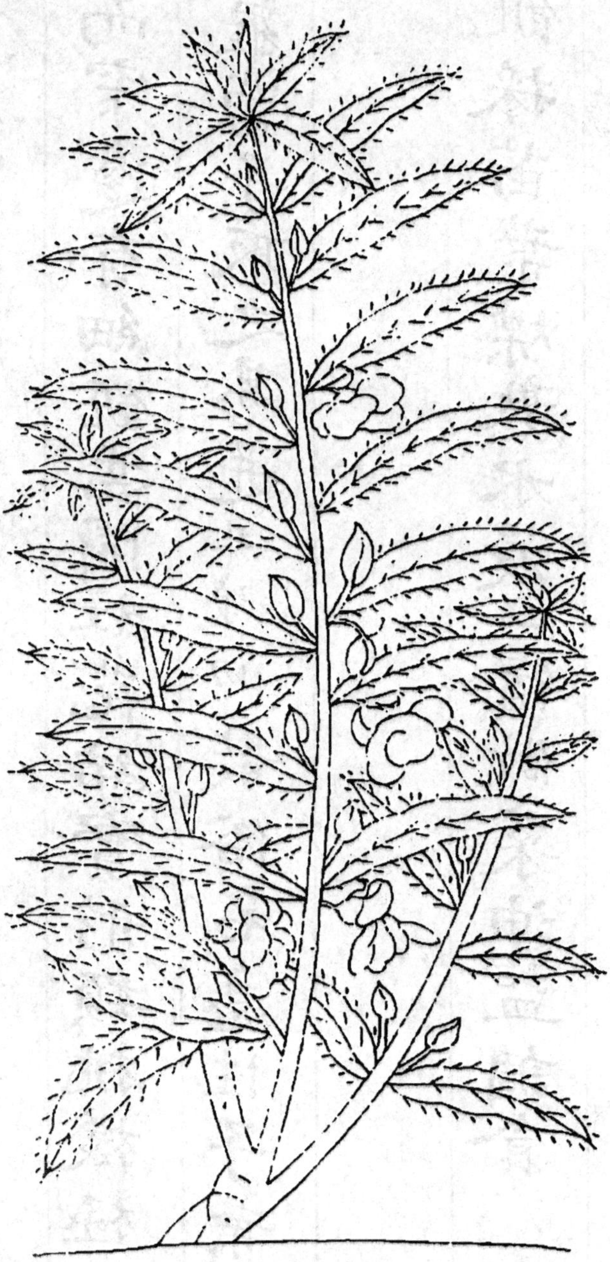

小桃紅一名鳳仙花一名夾竹桃又名海蒳音納俗名染指甲草人家園圃多種今處處有之苗高二尺許葉似桃葉而窄邊有細鋸齒開紅花結實形類桃樣極小有子似蘿蔔子取之易迸北諍切散俗名急性子葉味苦微澁

救飢採苗葉煠熟水浸一宿做菜油盐調食

青莢兒菜

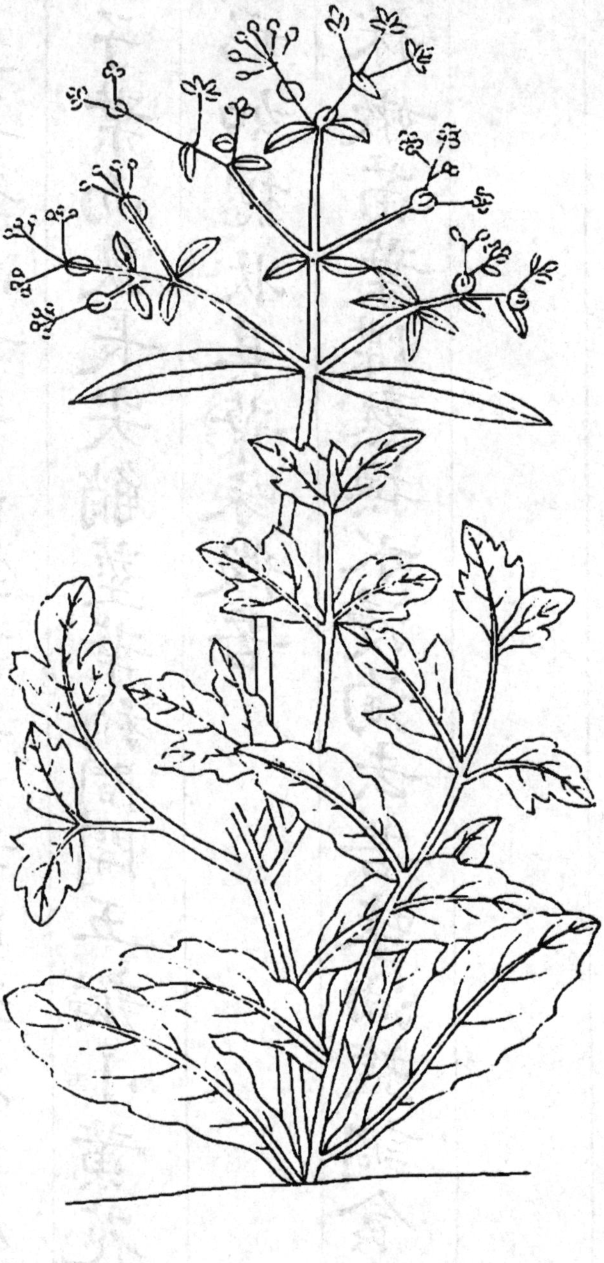

青莢兒菜生輝縣太行山山野中苗高二尺許對生莖
乂葉亦對生其葉面青背白鋸齒三乂葉脚葉花乂頗
大狀似荏子葉而狹長尖艄莖葉梢間開五瓣小黄花
衆花攢開形如穗狀其葉味微苦

救飢採嫩苗葉煠熟換水浸淘去苦味油塩調食

八角菜

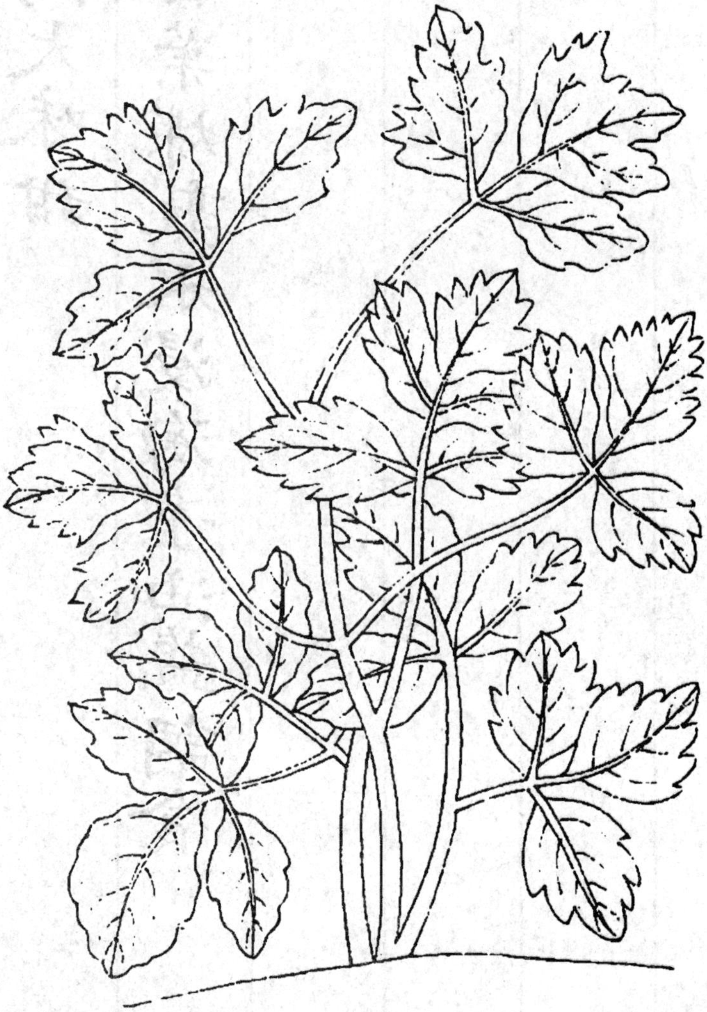

八角菜生輝縣太行山山野中苗高一尺許莖甚細其
葉狀類牡丹葉而大味甜
救飢採嫩苗葉煠熟水浸淘净油塩調食

耐驚菜

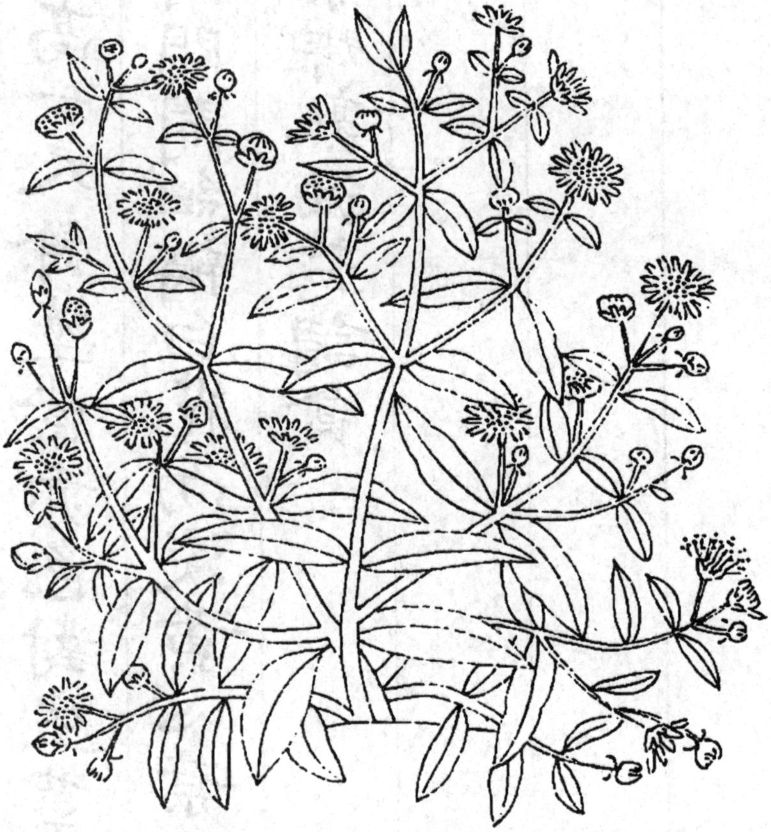

耐驚菜一名蓮子草以其花之蓇葖狀似小蓮蓬樣故名生下濕地中苗高一尺餘莖紫赤色對生莖叉葉似小桃紅葉而長稍間開細瓣白花而淡黃心葉味苦

救飢採苗葉煠熟油鹽調食

地棠菜

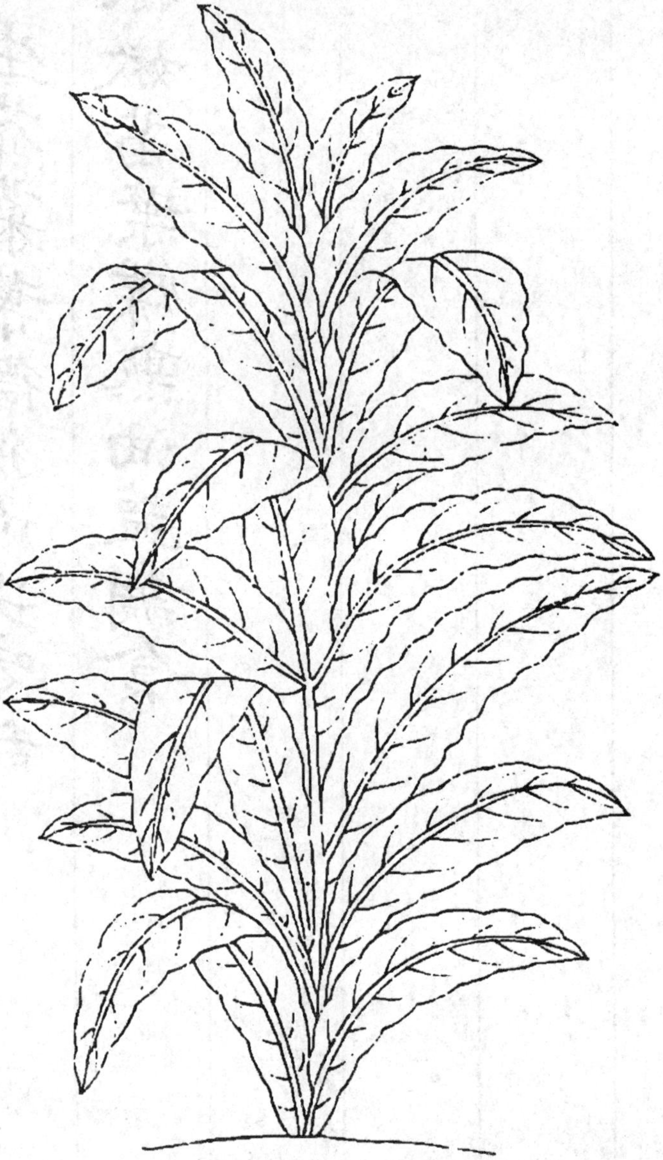

地棠菜生鄭州南沙堈中苗高一二尺葉似地棠花葉甚大又似初生芥菜葉微狹而尖味甜

救飢採嫩苗葉煠熟油鹽調食

鷄兒腸

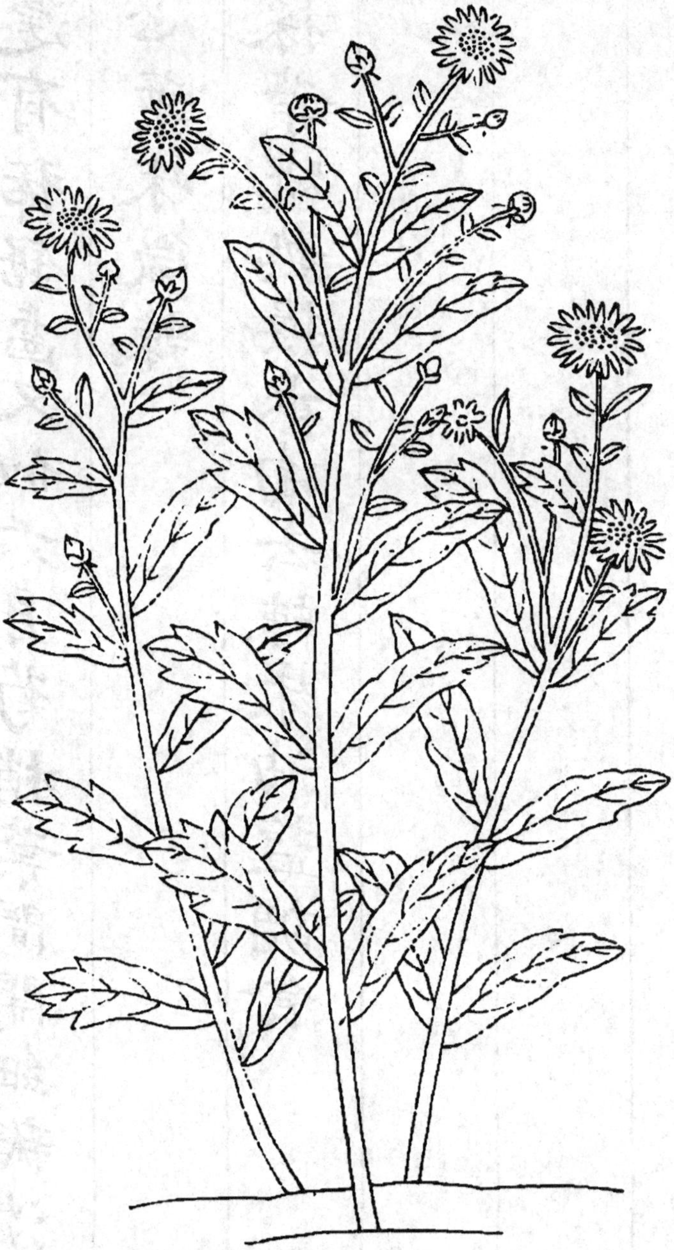

鷄兒腸生中牟田野中苗高一二尺莖黑紫色葉似薄荷葉微小邊有稀鋸齒又似六月菊梢葉間開細瓣淡粉紫色黄心葉味微辣

救飢採葉煠熟換水淘去辣味油盐調食

雨點兒菜

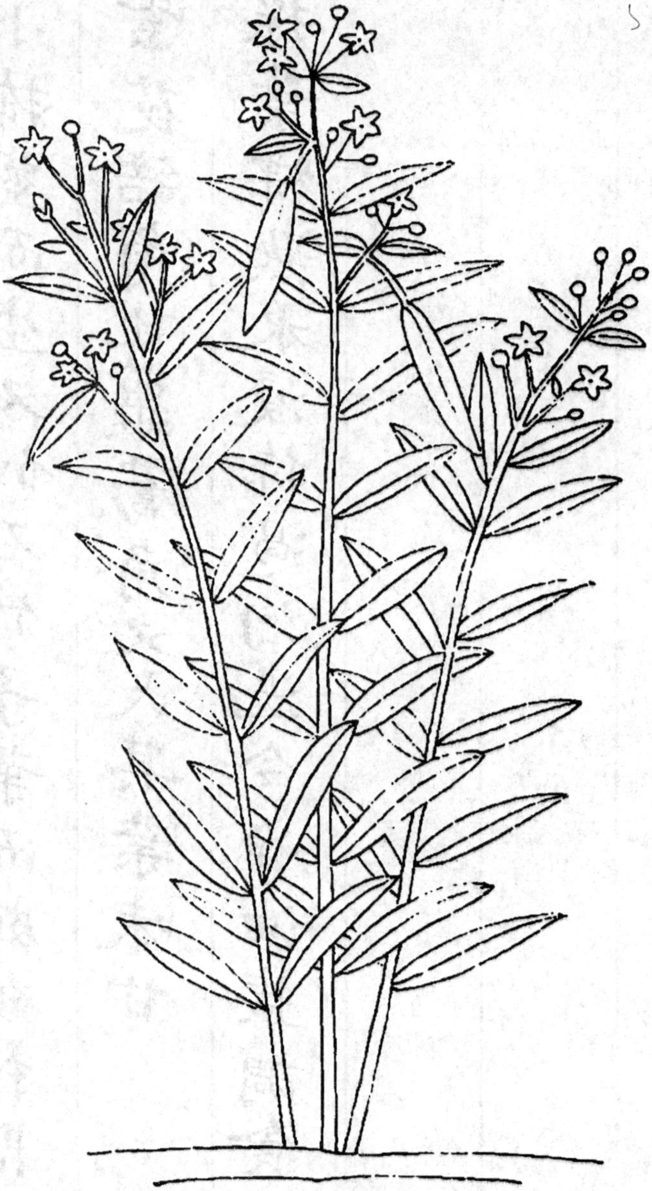

雨點兒菜生田野中就地叢生其莖脚紫稍青葉如細柳葉而窄小抪莖而生又似石竹子葉而頗硬稍間開小尖五瓣紫花結角比蘿蔔角又大其葉味甘

救飢採葉煠熟水浸作過淘洗令淨油鹽調食

白屈菜

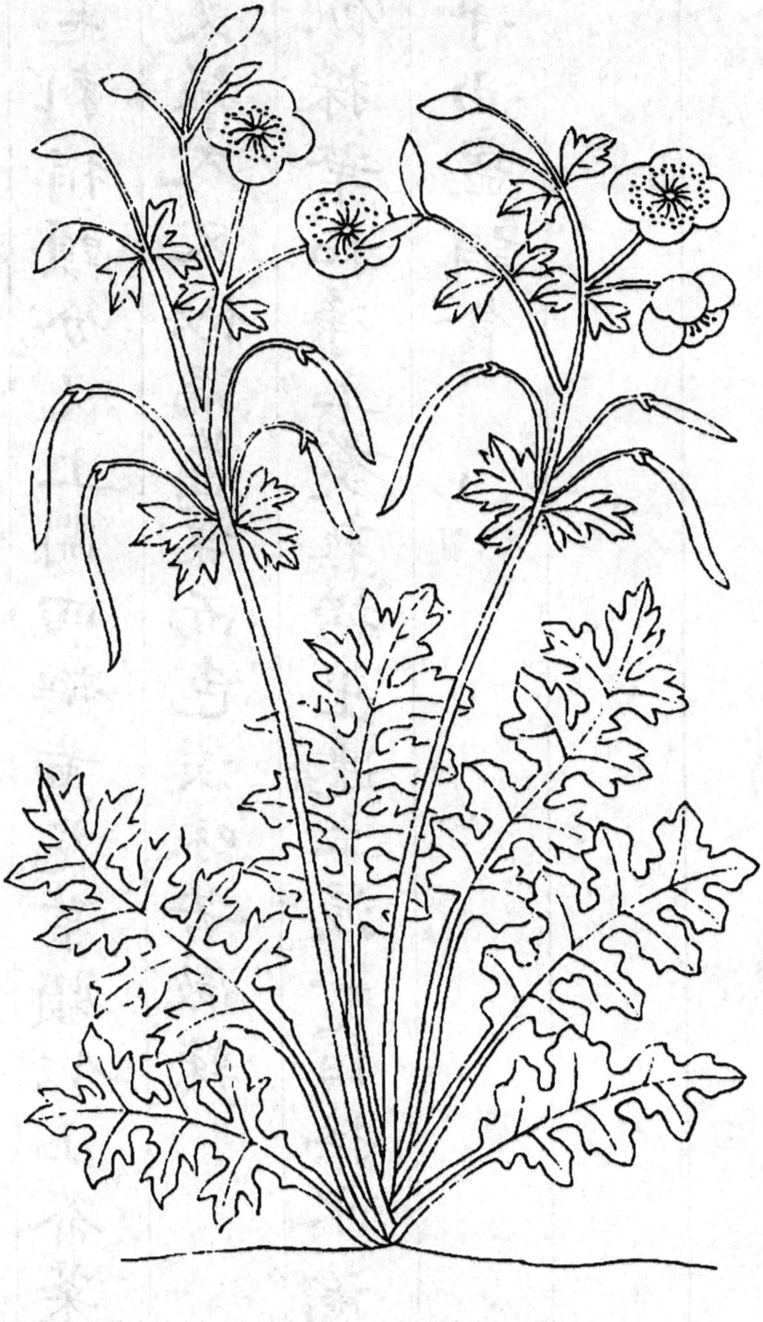

白屈菜生田野中苗高一二尺初作叢生莖葉皆青白色莖有毛刺梢頭分义上開四瓣黃花葉頗似山芥菜葉而花叉極大又似漏蘆葉而色淡味苦微辣

救飢採葉和淨土煮熟撈出連土浸一宿換水淘洗淨油鹽調食

扯根菜

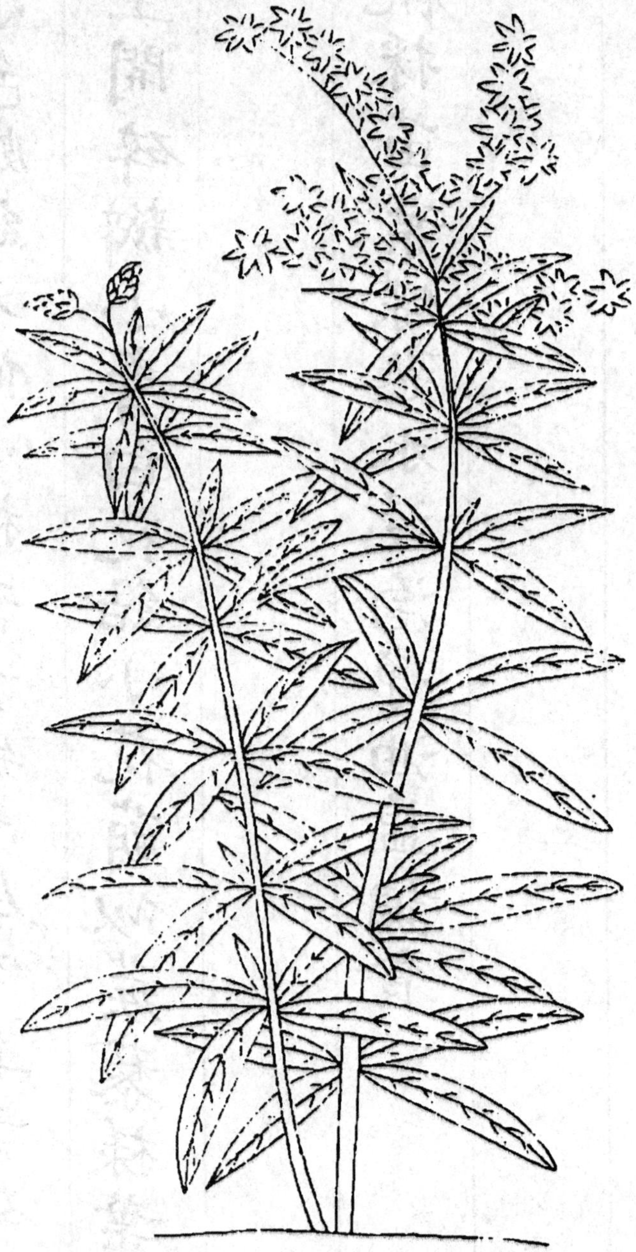

扯根菜生田野中苗高一尺許莖色赤紅葉似小桃紅葉微窄小色頗緑又似小栁葉亦短而厚窄其葉週圍攢莖而生開碎瓣小青白花結小花蒴似蒺藜樣葉苗味甘

救飢採苗葉煠熟水浸淘淨油塩調食

草零陵香

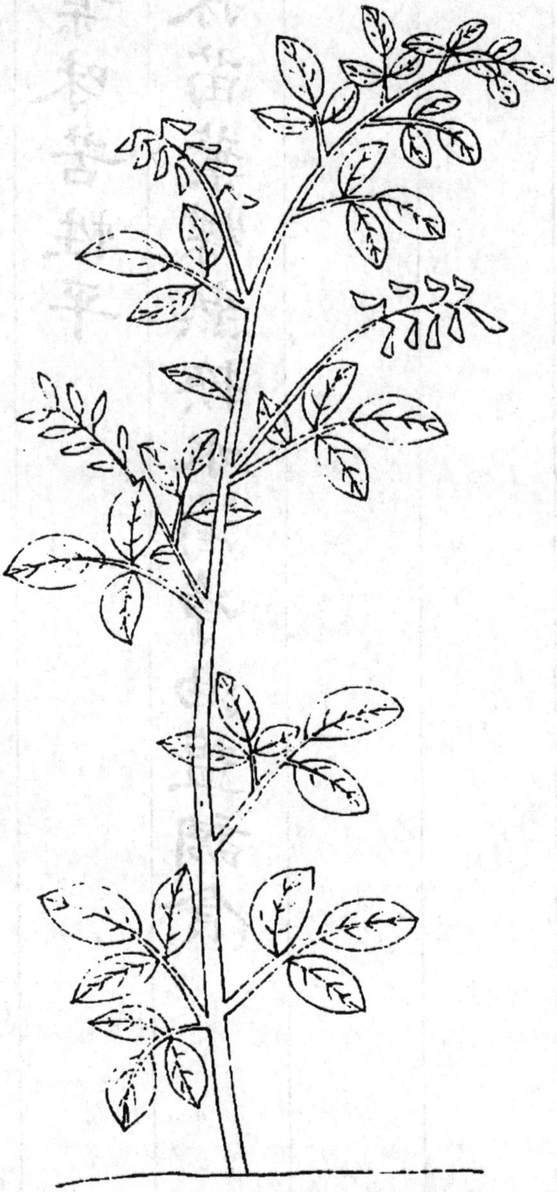

草零陵香又名芫香人家園圃中多種之葉似苜蓿葉而長大微尖莖葉間開小淡粉紫花作小短種其子小如粟粒苗葉味苦性平

救飢採苗葉煠熟換水淘浄油盐調食

水落藜

水落藜生水邊所在處處有之苗高尺餘莖色微紅葉似野灰菜葉而瘦小味微苦澁性涼

救飢採苗葉煠熟換水浸淘洗净油鹽調食晒乾煠食尤好

涼蒿菜

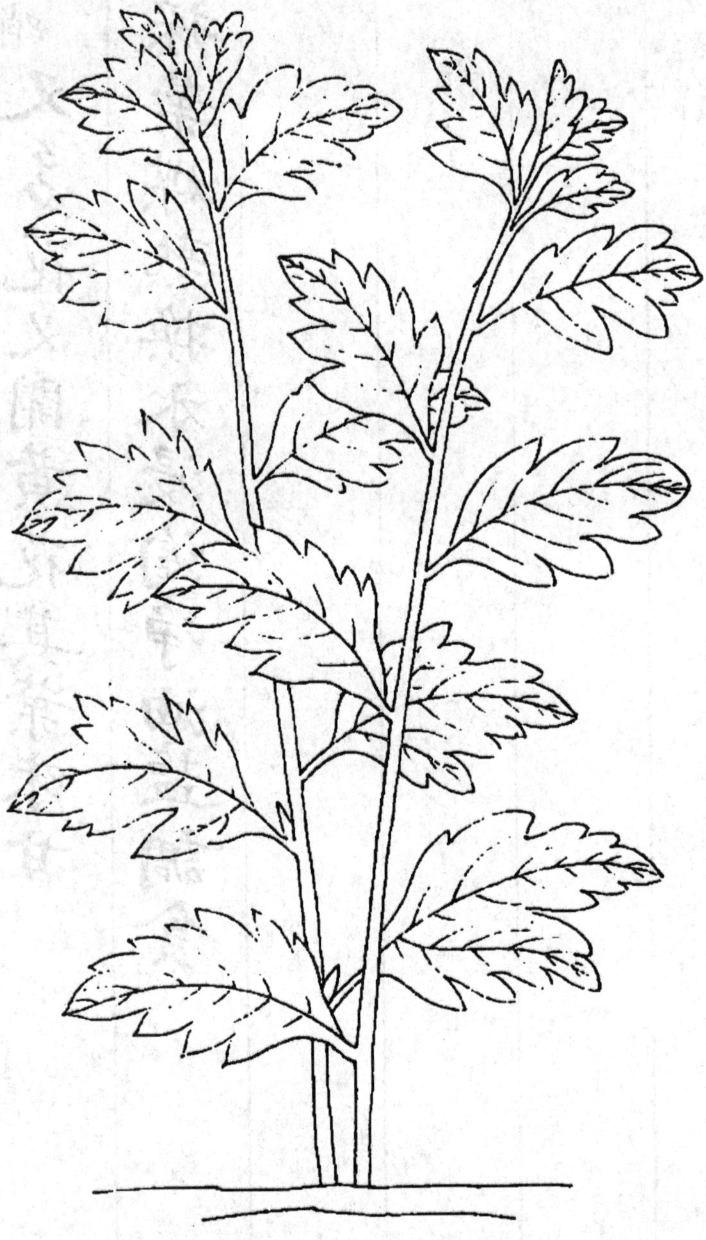

涼蒿菜又名甘菊芽生密縣山野中葉似菊花葉而細長尖艄音哨又多花叉開黃花其葉味甘

救飢採葉煠熟換水浸淘淨油盐調食

粘魚鬚

粘魚鬚一名龍鬚菜生鄭州賈峪山及新鄭山野中亦
有之初先發笋其後延蔓生莖發葉每葉間皆分一小
叉及出一絲蔓葉似土茜葉而大又似金剛刺葉亦似
牛尾菜葉不澁而光澤味甘

救飢採嫩笋葉煠熟油鹽調食

節節菜

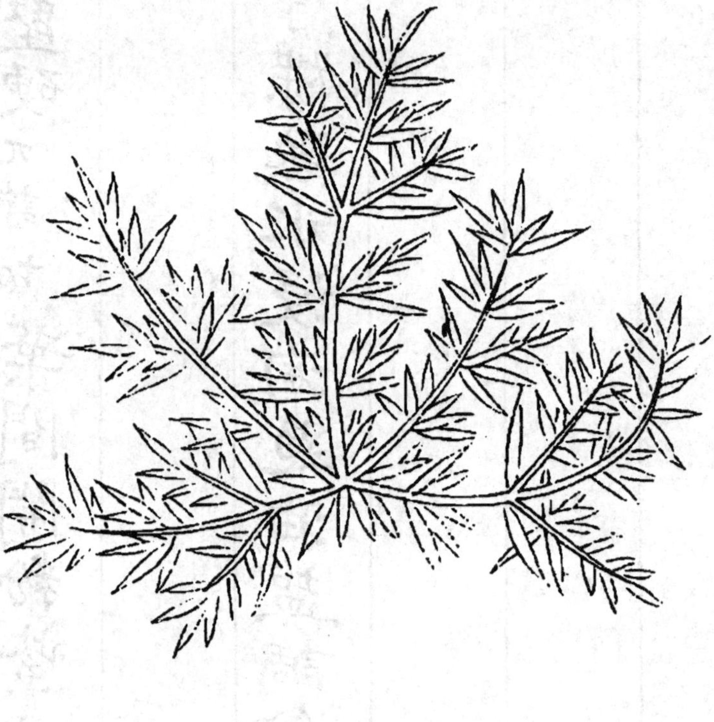

節節菜生荒野下濕地科苗甚小葉似鹻音減蓬又更細小而稀疎其莖多節堅硬兀諍切葉間開粉紫花味甜

救飢採嫩苗揀擇淨煠熟水浸淘過油鹽調食

野艾蒿

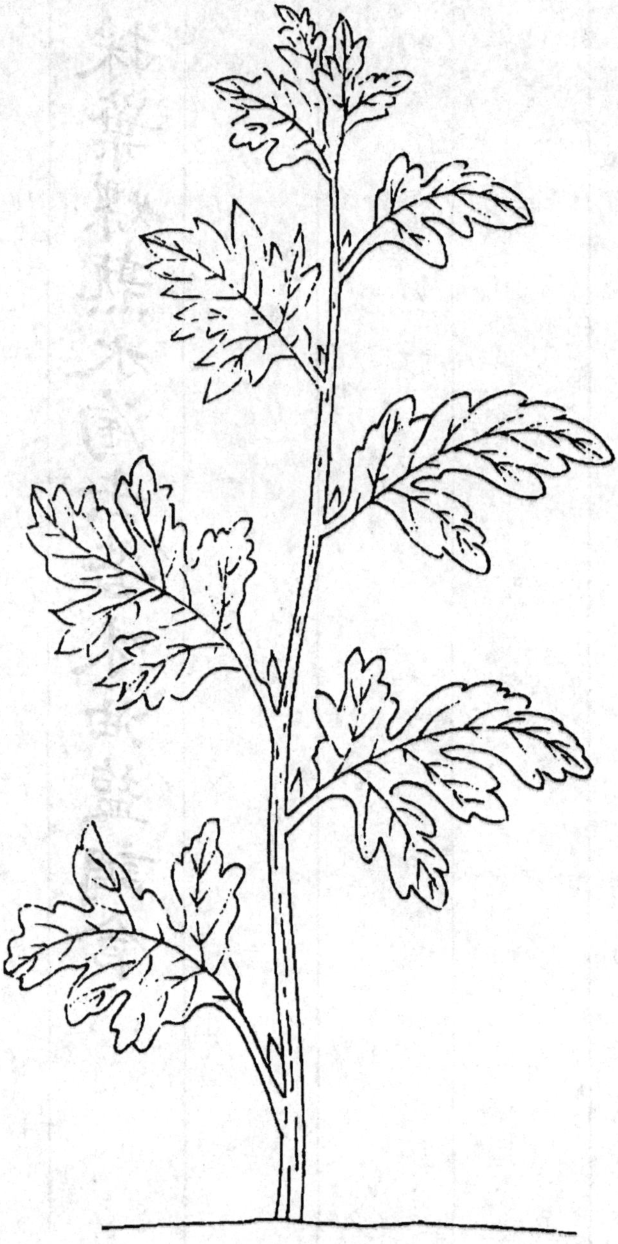

野艾蒿生田野中苗葉類艾而細又多花叉葉有艾香味苦

救飢採葉煠熟水淘去苦味油鹽調食

堇堇菜

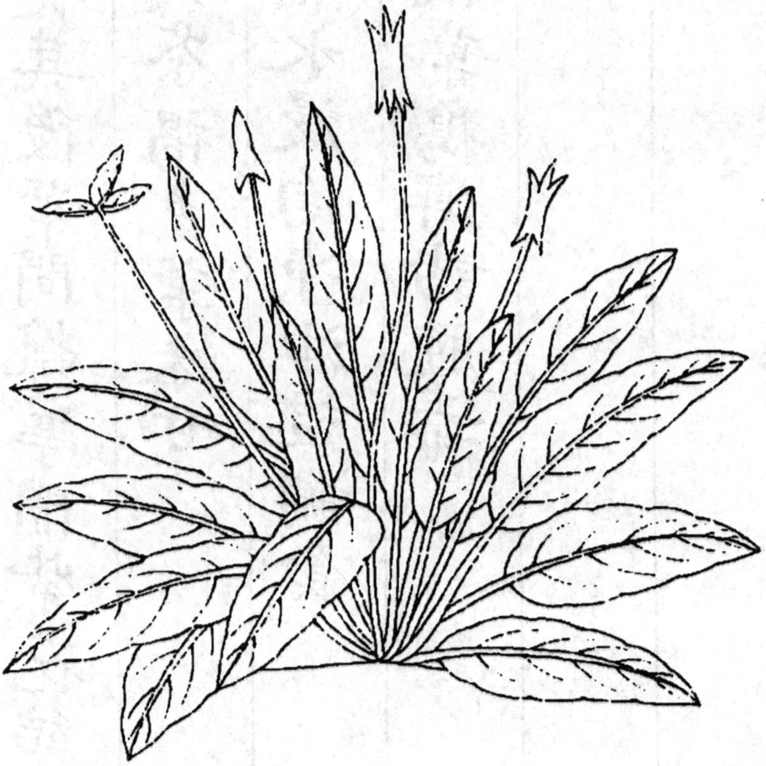

菫菫菜一名箭頭草生田野中苗初搨地生葉似鈹音批箭頭樣而葉蒂甚長其後葉間攛葶開紫花結三瓣蒴兒中有子如芥子大茶褐色葉味甘

救飢 採苗葉煠熟水浸淘淨油鹽調食

治病 今人傳說根葉擣傅諸腫毒

婆婆納

婆婆納生田野中苗搨地生葉最小如小面花黶兒狀類初生菊花芽葉又團邊微花如雲頭樣味甜

救飢採苗葉煠熟水浸淘淨油鹽調食

野茴香

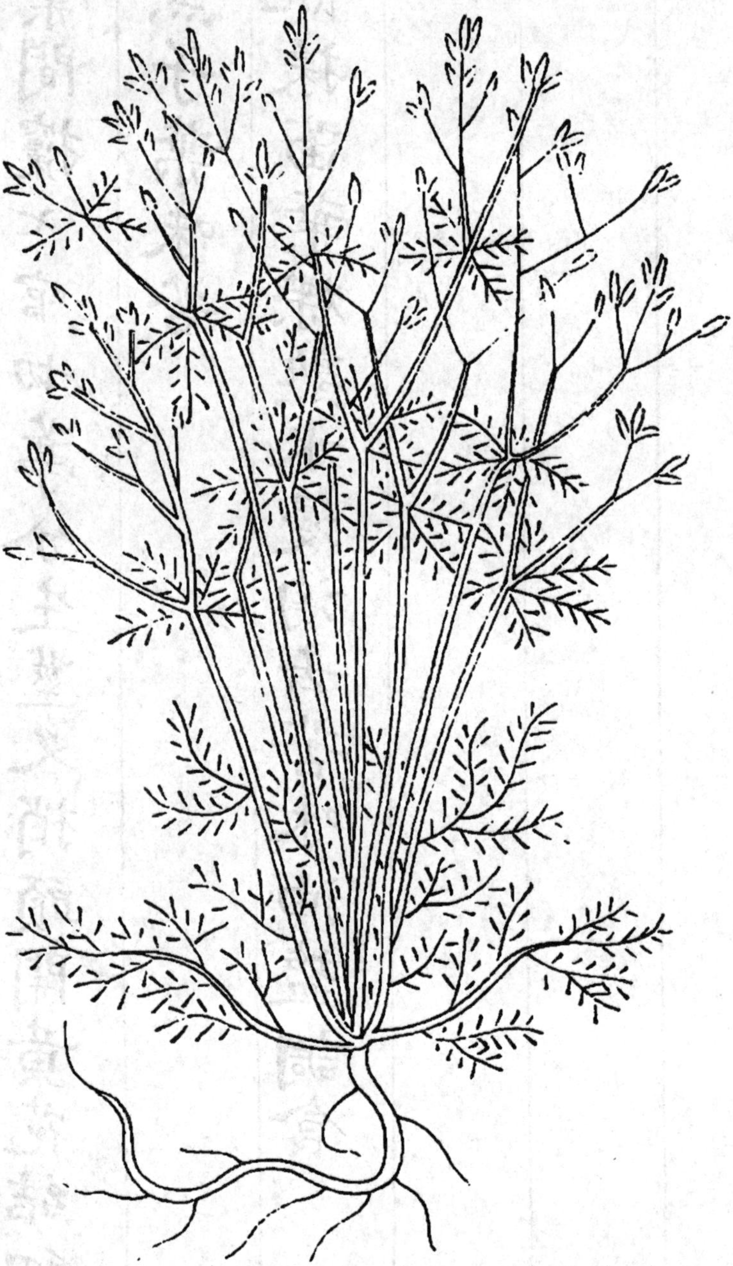

野茴香生田野中其苗初搨地生葉似莃娘蒿葉微細小後於葉間攛𠀤官切葶分生莖乂梢頭開黄花結細角有小黑子葉味苦

救飢採苗葉煠熟水浸淘去苦味油塩調食

蠍子花菜

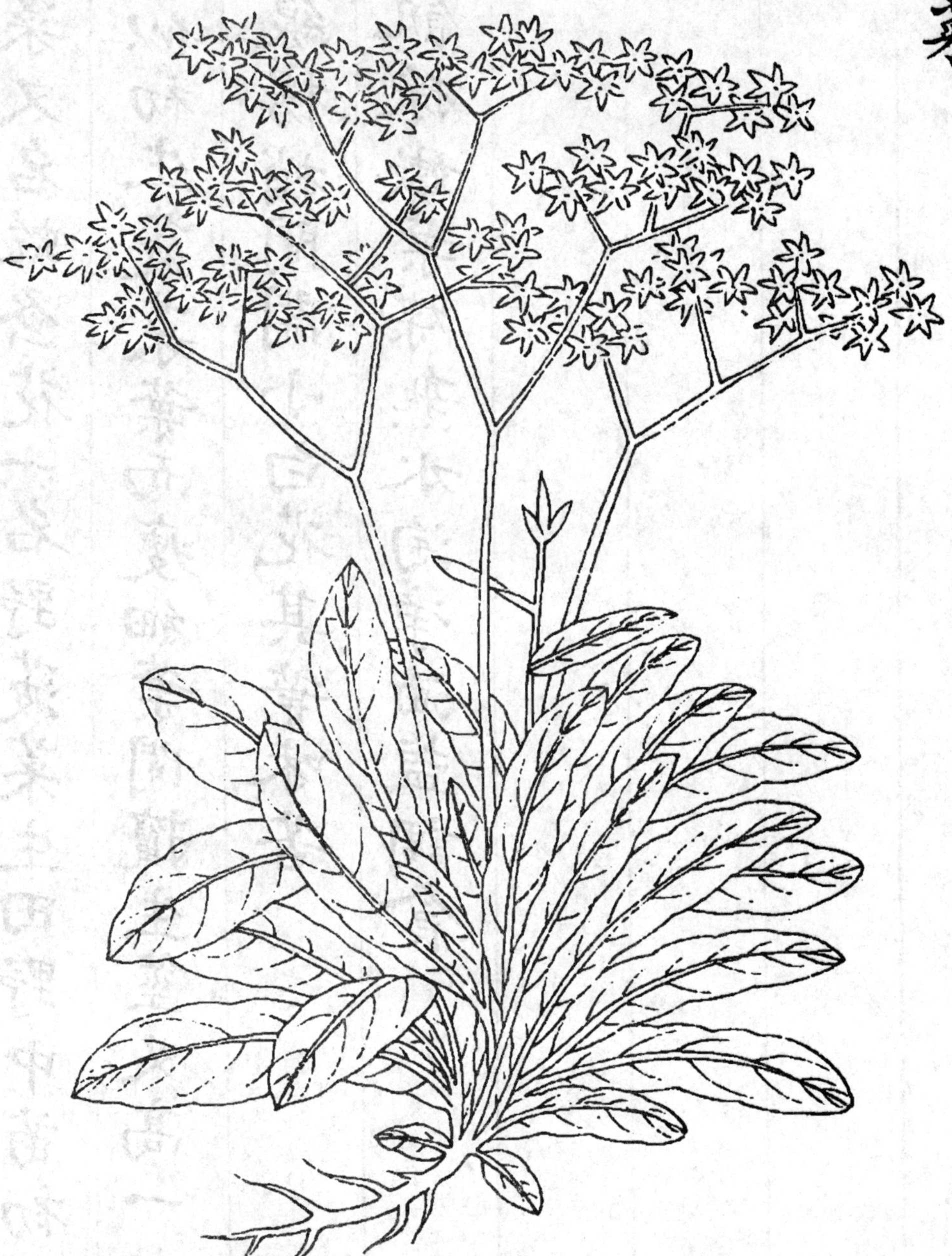

蠍子花菜又名虼蚤花一名野菠菜生田野中苗初搨地生葉似初生菠菜葉而瘦細葉間攛生莖叉高一尺餘莖有線楞梢間開小白花其葉味苦

救飢採嫩葉煠熟水淘淨油鹽調食

白蒿

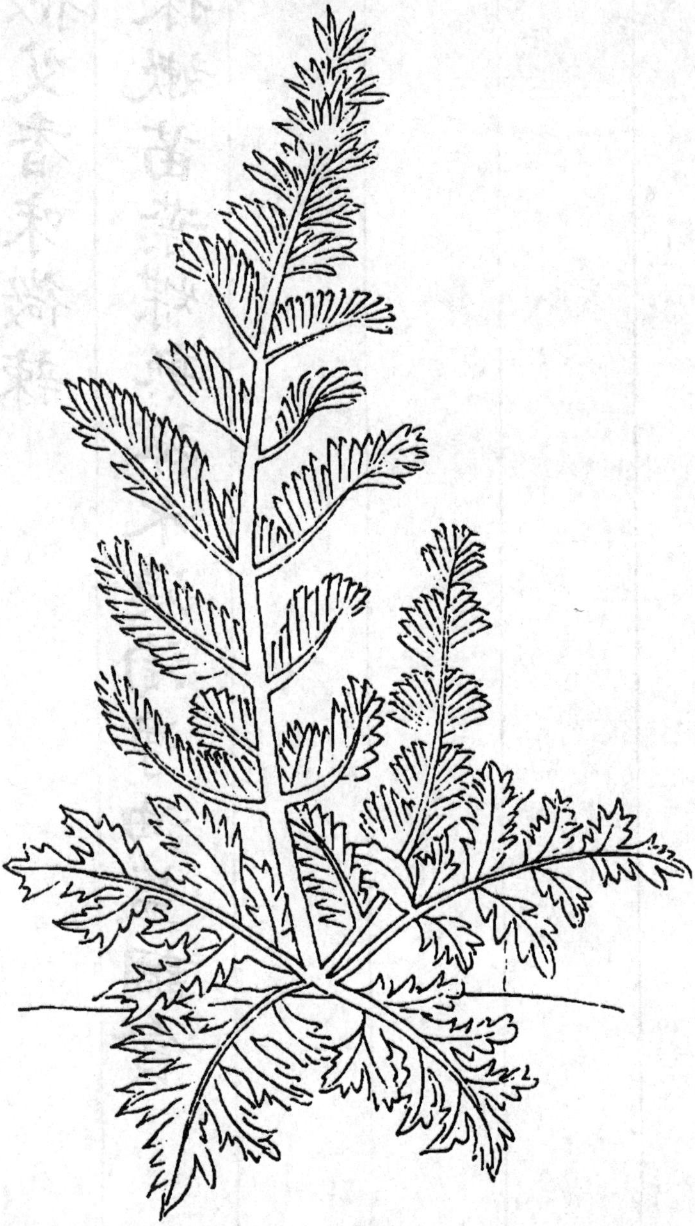

白蒿生荒野中苗高二三尺葉如細絲似初生松針色微青白稍似艾香味微辣

救饑採嫩苗葉煠熟換水浸淘淨油盐調食

野同蒿

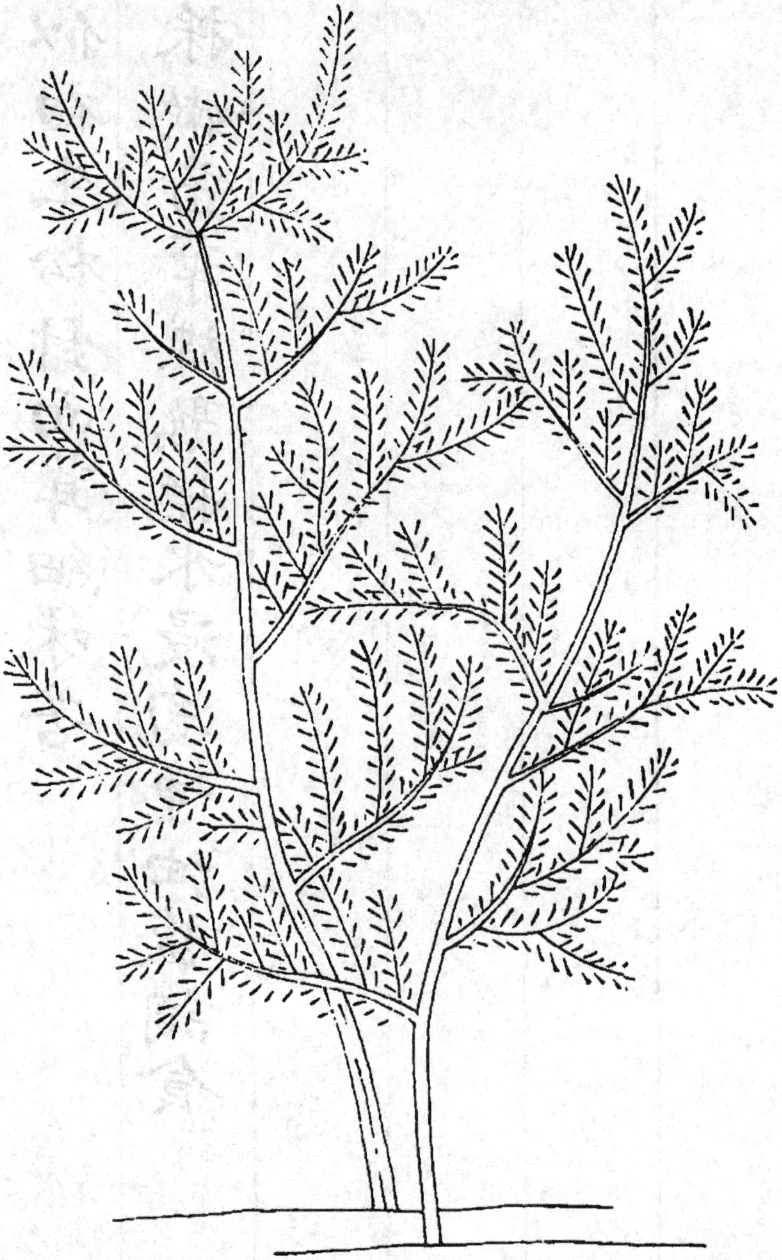

野同蒿生荒野中苗高二三尺莖紫赤色葉似白蒿色微青苗又似初生松針而茸細味苦

救飢採嫩苗葉煠熟換水浸淘淨油塩調食

野粉團兒

野粉團兒生田野中苗高一二尺莖似鐵桿蒿莖葉似獨掃葉而小上下稀踈枝頭分又開淡白花黃心味甜辣

救飢採嫩苗葉煠熟水浸淘淨油鹽調食

蚵蚾菜

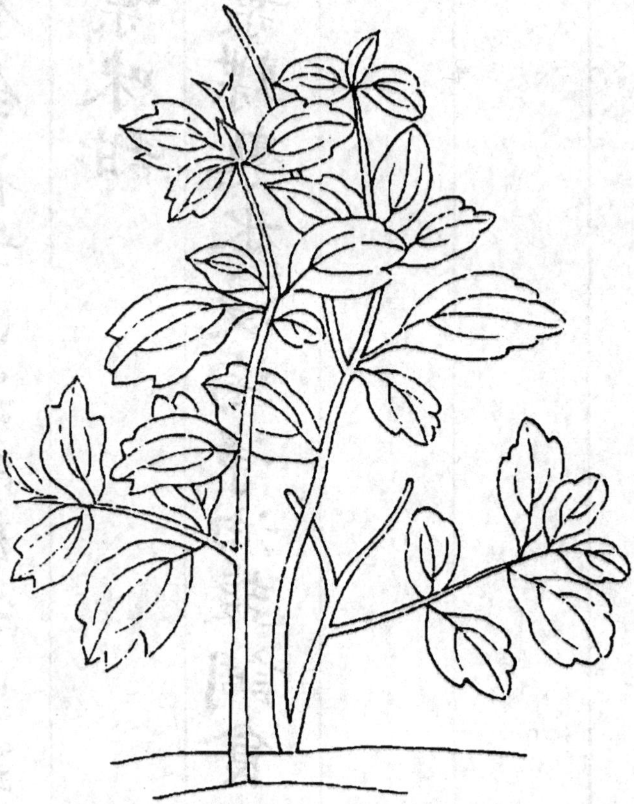

蚵蚾菜　音軻婆　生密縣山野中科苗高二三尺許葉似連翹葉微長又似金銀花葉而尖紋皺却少邊有小鋸齒開粉紫花黄心葉味甜

救饑採嫩苗葉煠熟水浸淘淨油鹽調食

狗掉尾苗

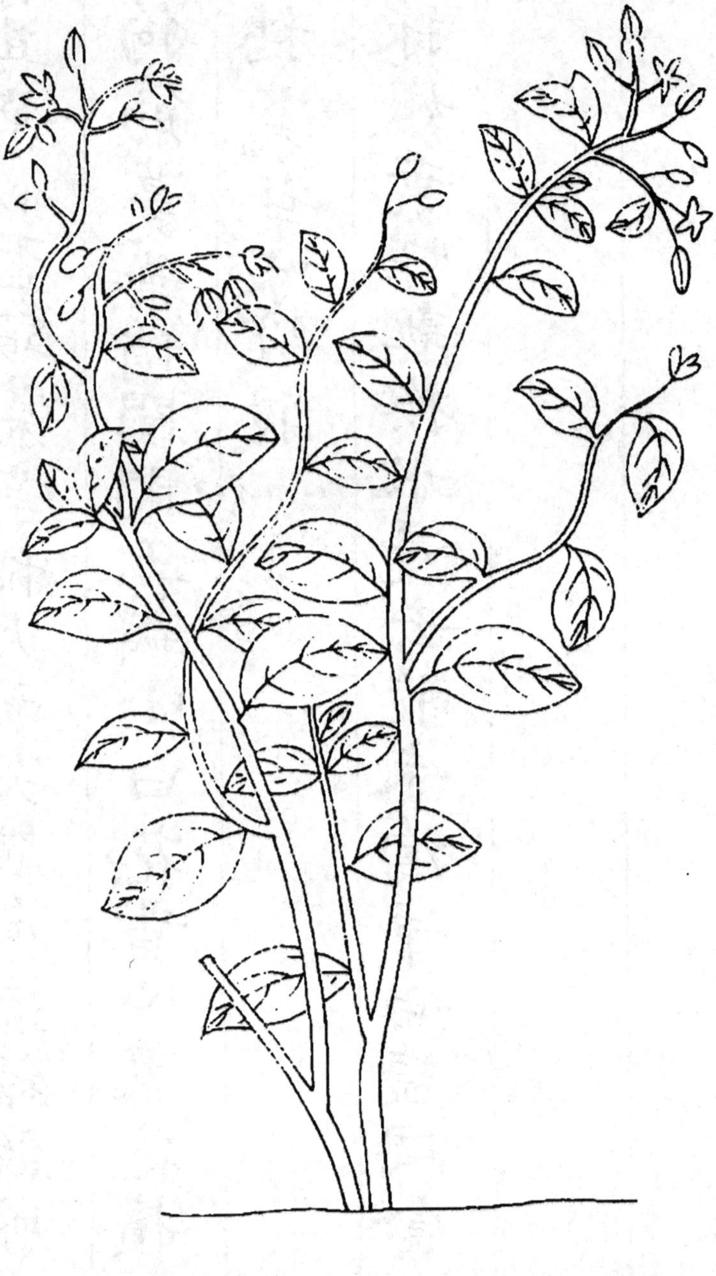

狗掉尾苗生南陽府馬鞍山中苗長二三尺拖蔓而生莖方色青其葉似歪頭菜葉稍大而尖艄色深緑紋脈微多又似狗筋蔓葉稍間開五瓣小白花黄心衆花攢開其狀如穗菜葉味微酸

救飢採嫩葉煠熟換水浸去酸味淘淨油鹽調食

石芥

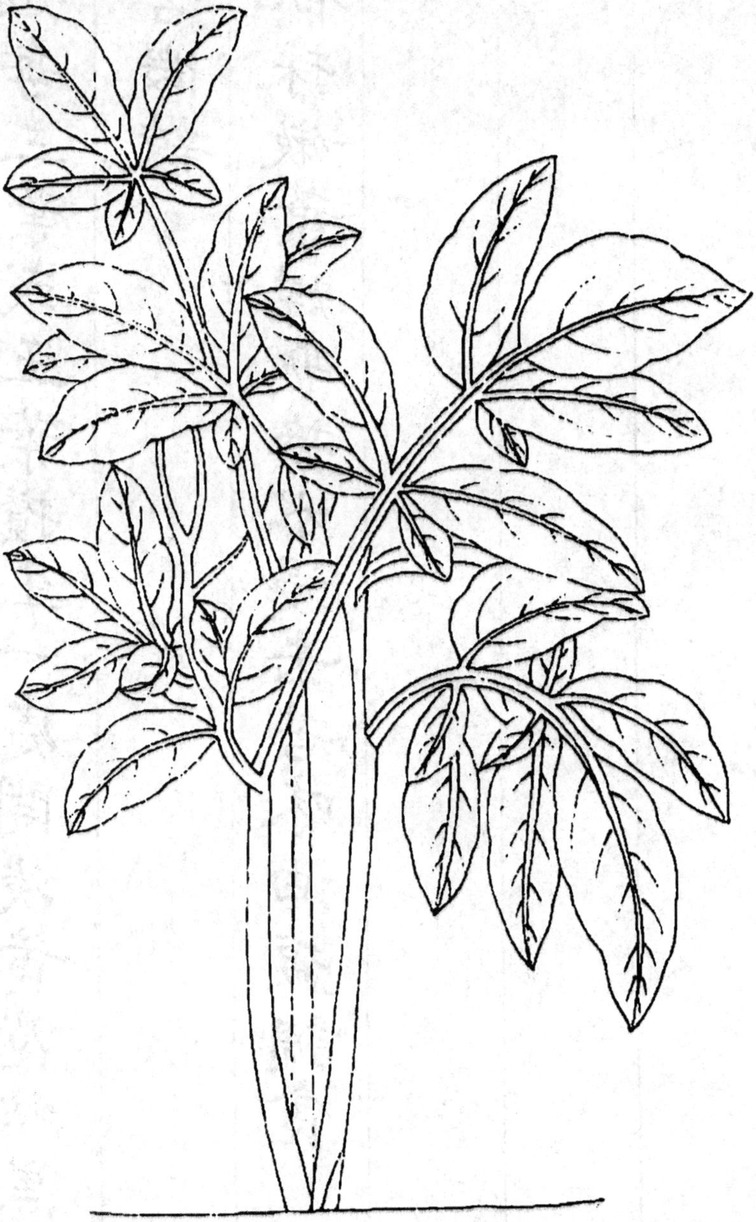

石芥生輝縣鴉子口山谷中苗高一二尺葉似地棠菜葉而闊短每三葉或五葉攢生一處開淡黃花結黑子苗葉味苦微辣

救飢採嫩葉煠熟換水浸去苦味油塩調食

玃耳菜

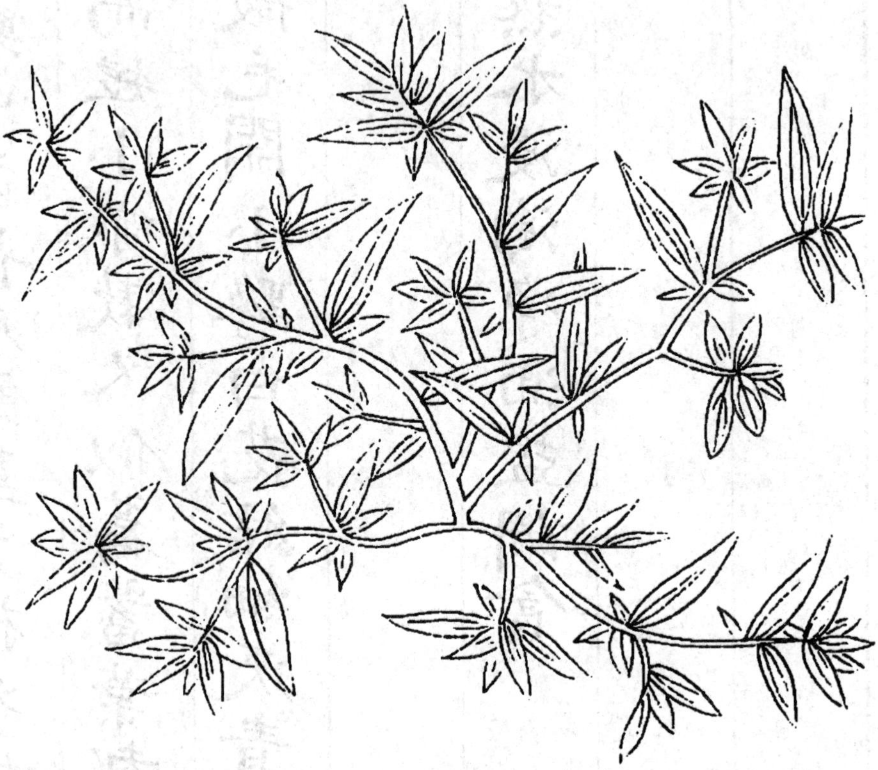

玀耳菜音徽　生中牟平野中苗長尺餘莖多枝叉其莖上有細線楞葉似竹葉而短小亦軟又似萹蓄葉却頗闊大而又尖莖葉俱有微毛開小黪白花結細灰青子苗葉味甘

救飢採嫩苗葉煠熟水浸淘浄油盐調食

回回蒜

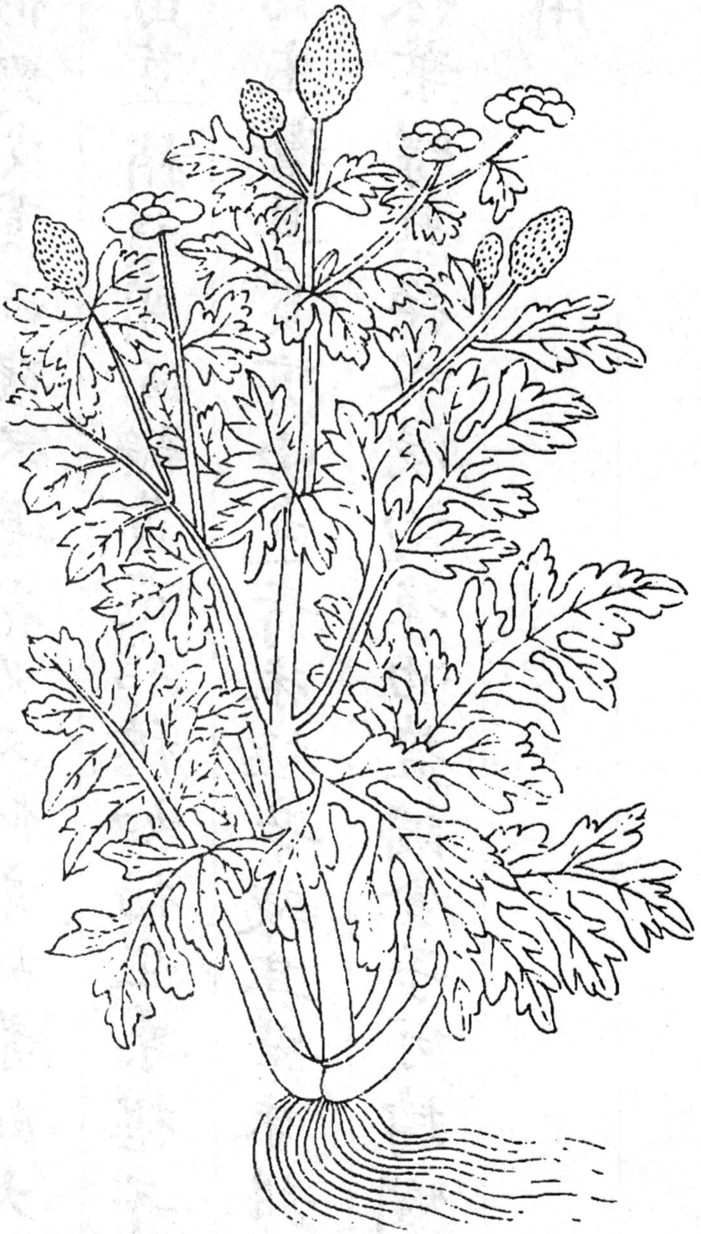

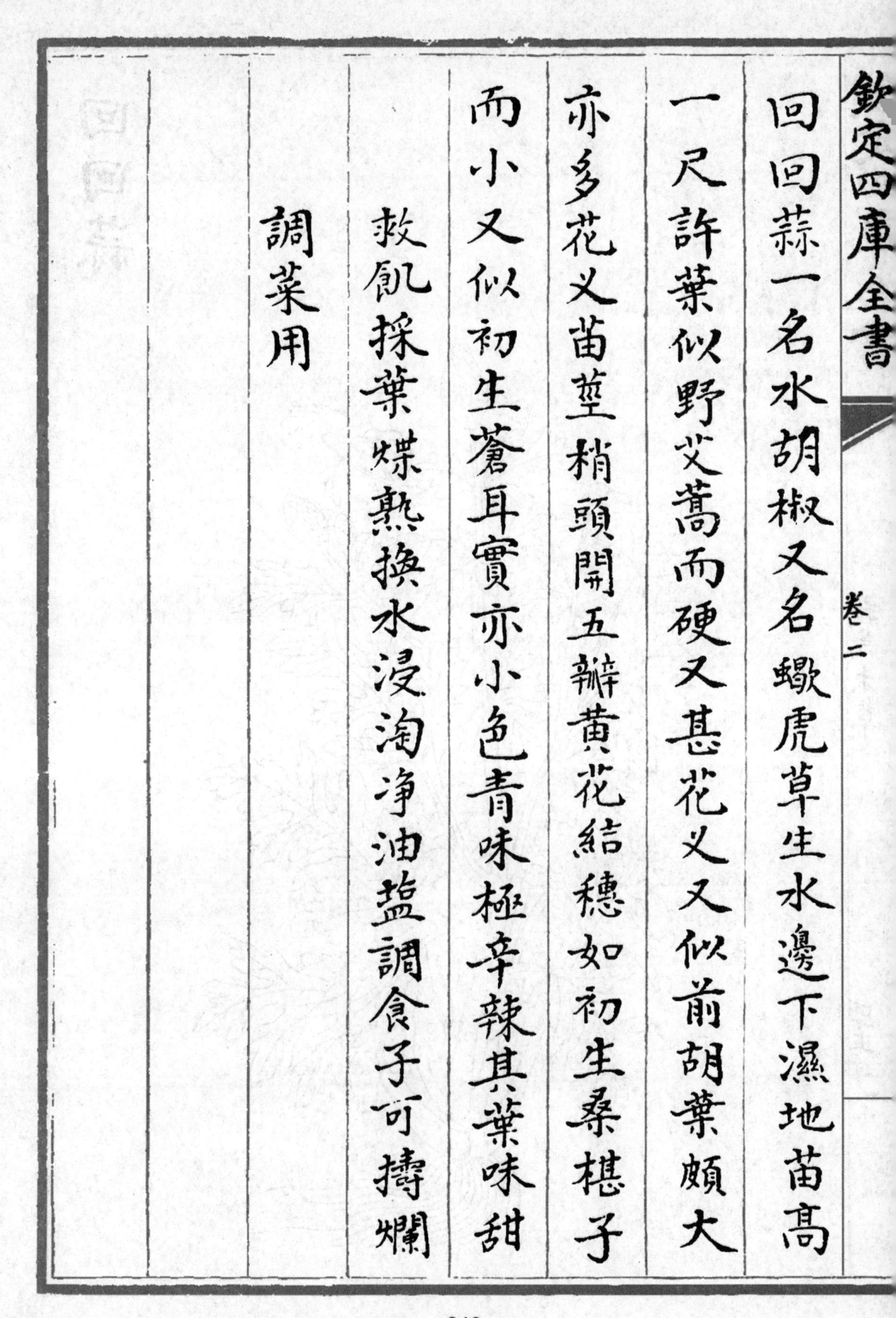

回回蒜一名水胡椒又名蠍虎草生水邊下濕地苗高一尺許葉似野艾蒿而硬又甚花叉又似前胡葉頗大亦多花叉苗莖梢頭開五瓣黃花結穗如初生桑椹子而小又似初生蒼耳實亦小色青味極辛辣其葉味甜

救飢採葉煠熟換水浸淘淨油鹽調食子可擣爛調菜用

地槐菜

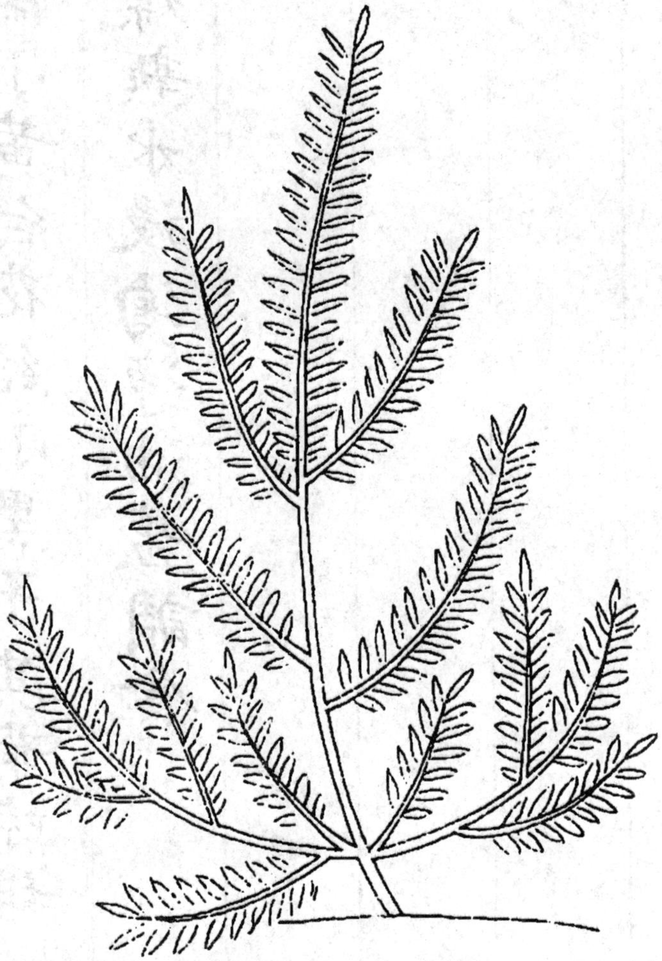

地槐菜一名小虫兒麥生荒野中苗高四五寸葉似石竹子葉極細短開小黄白花結小黒子其葉味甜

救飢採葉煠熟水浸淘浄油塩調食

螺黶兒

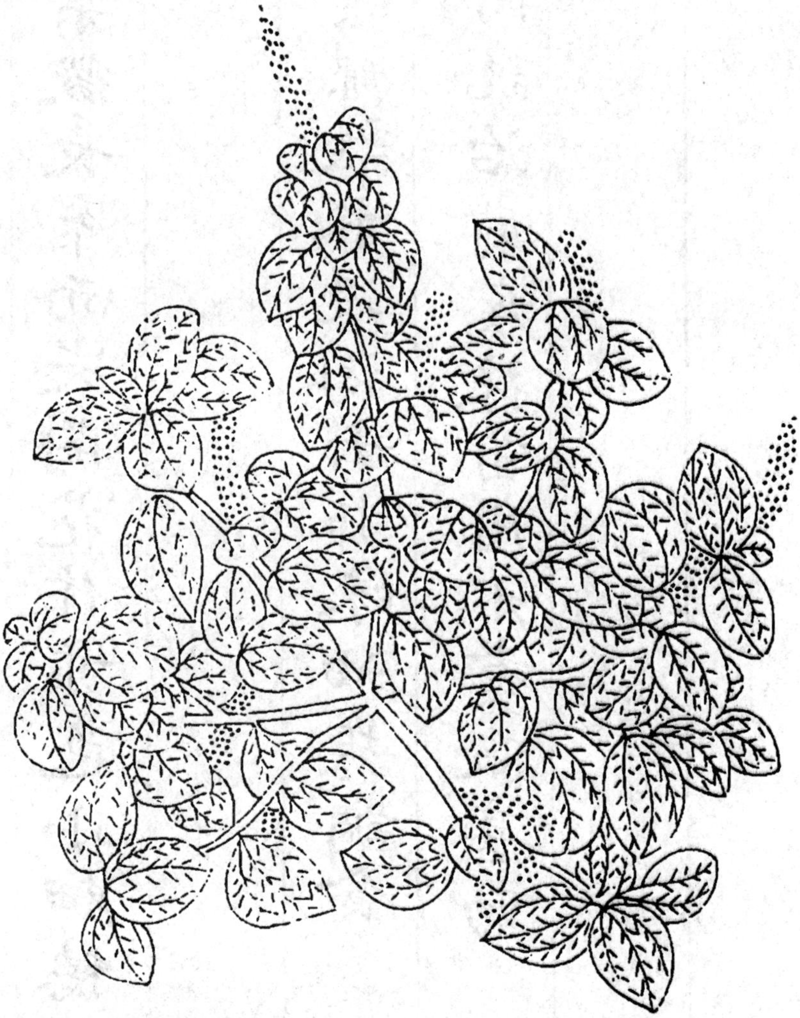

螺黶兒音羅掩 一名地桑又名痢見草生荒野中莖微紅葉似野人莧葉微長窄而尖開花作赤色小細穗兒其葉味甘

救飢 採苗葉煠熟水浸淘去邪味油鹽調食

治病 今人傳說治痢疾採苗用水煑服甚効

泥胡菜

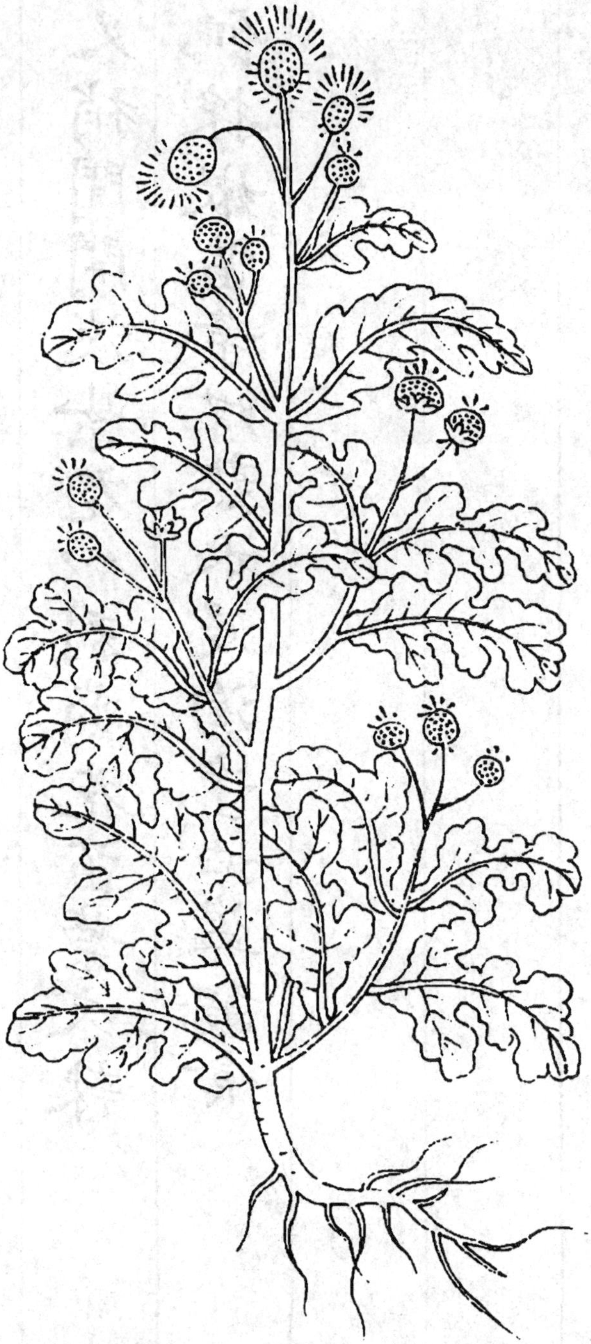

泥胡菜生田野中苗高一二尺莖梗繁多葉似水芥菜葉頗大花叉甚深又似風花葉菜却比短小葉中攛葶分生莖叉梢間開淡紫花似刺薊花苗葉味辣
救飢採嫩苗葉煠熟水浸淘淨油塩調食

兎兒絲

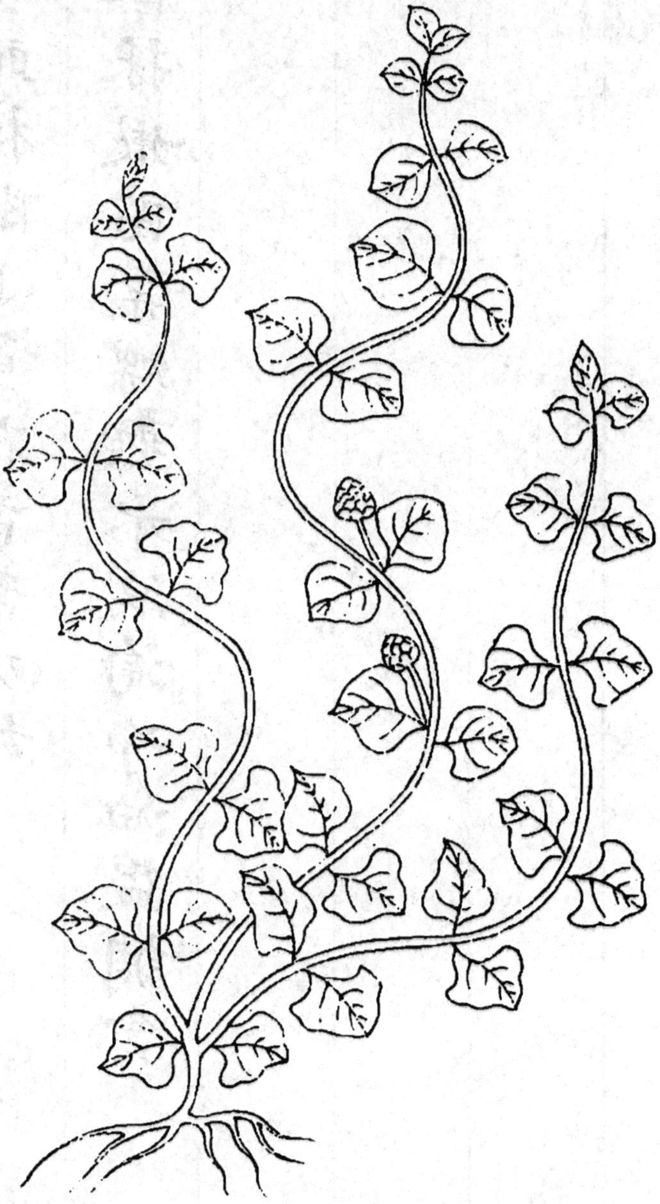

兔兒絲生田野中其苗就地拖蔓節間生葉如指頂大葉邊似雲頭樣開小黄花苗葉味甜

救飢採嫩苗葉煠熟水浸淘浄油盐調食

老鸛筋

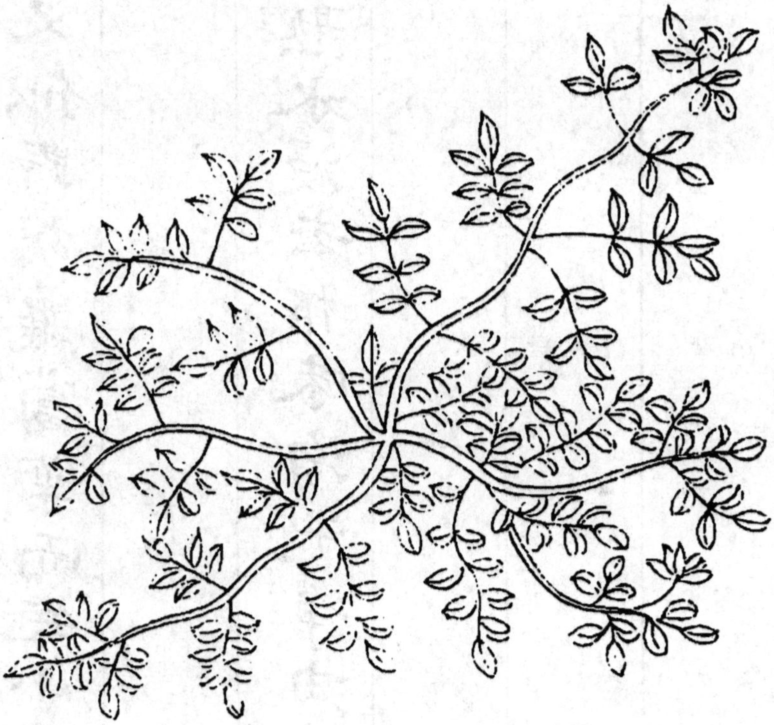

老鸛筋生田野中就地拖秧而生莖微紫色莖叉繁稠葉似園艾葉而頭不尖又似野胡蘿蔔葉而短小葉間開五瓣小黄花味甜

救飢採嫩苗葉煠熟水浸去邪味淘洗淨油塩調食

絞股藍

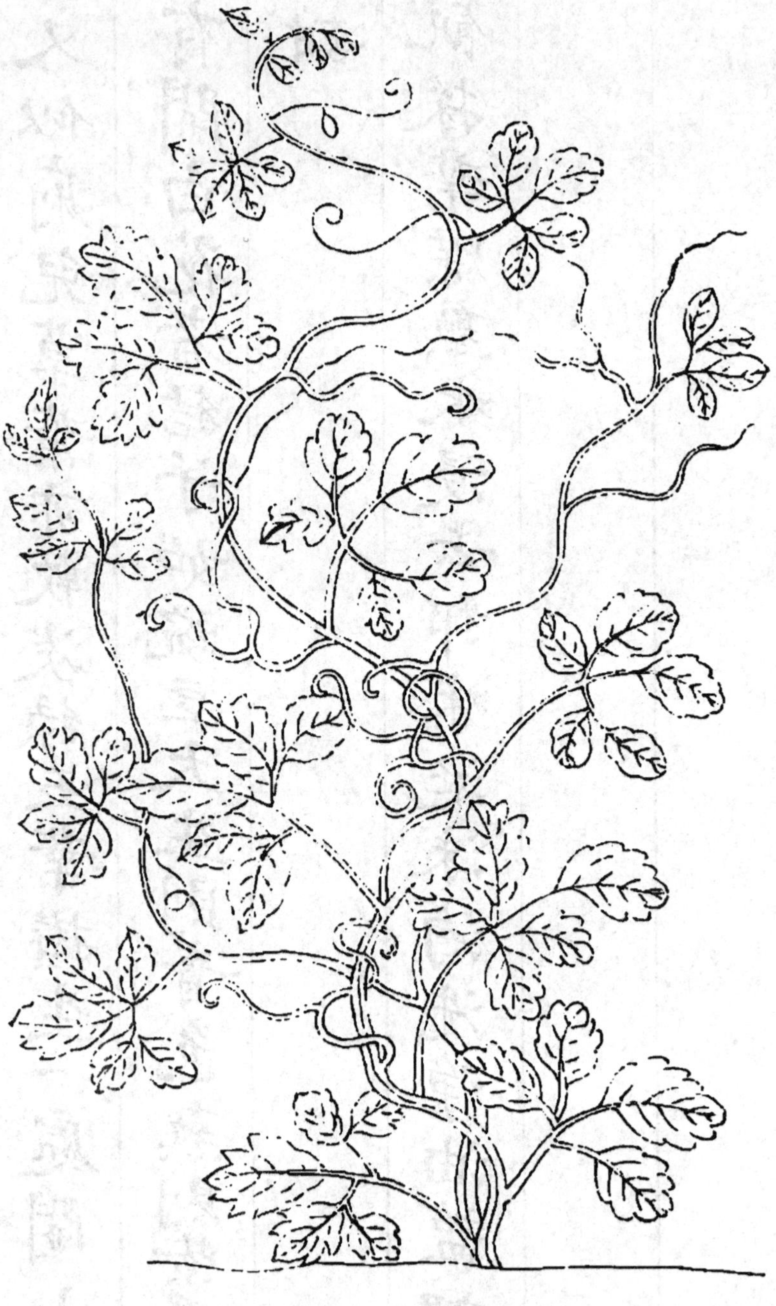

絞股藍生田野中延蔓而生葉似小藍葉短小軟薄邊有鋸齒又似痢兒草葉亦軟淡緑五葉攢生一處開小黄花又有開白花者結子如豌豆大生則青色熟則紫黑色葉味甜

救飢採葉煠熟水浸去邪味涎沫淘洗淨油塩調食

山梗菜

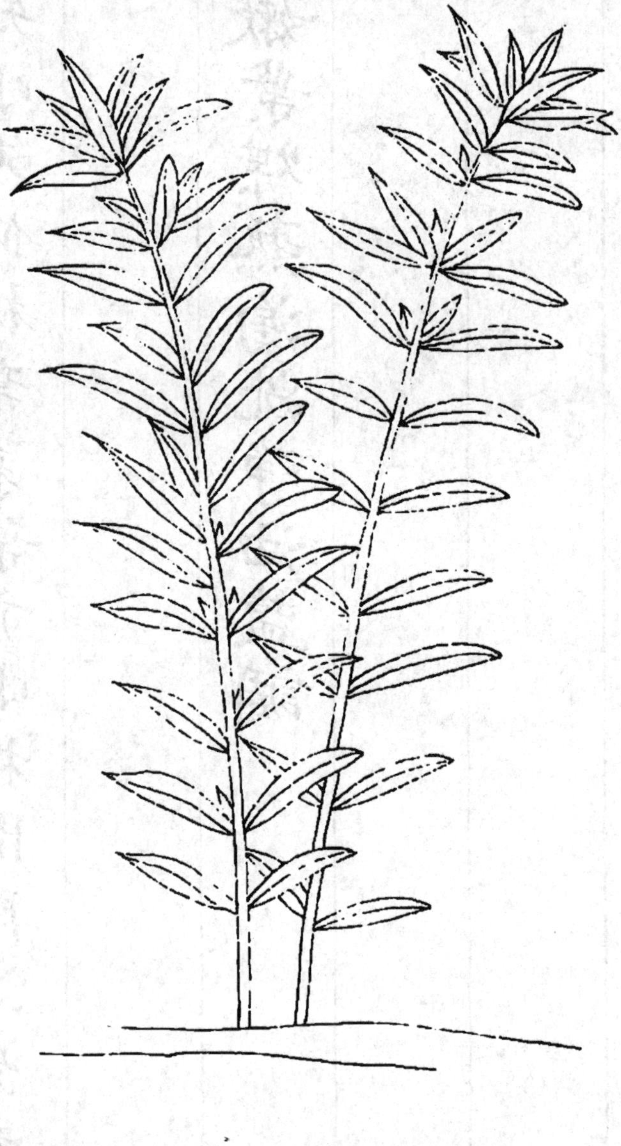

山梗菜生鄭州賈峪山山野中苗髙二尺許莖淡紫色葉似桃葉而短小又似栁葉菜葉亦小梢間開淡紫花其葉味甜

救飢採嫩葉煠熟淘洗浄油鹽調

拖娘蒿

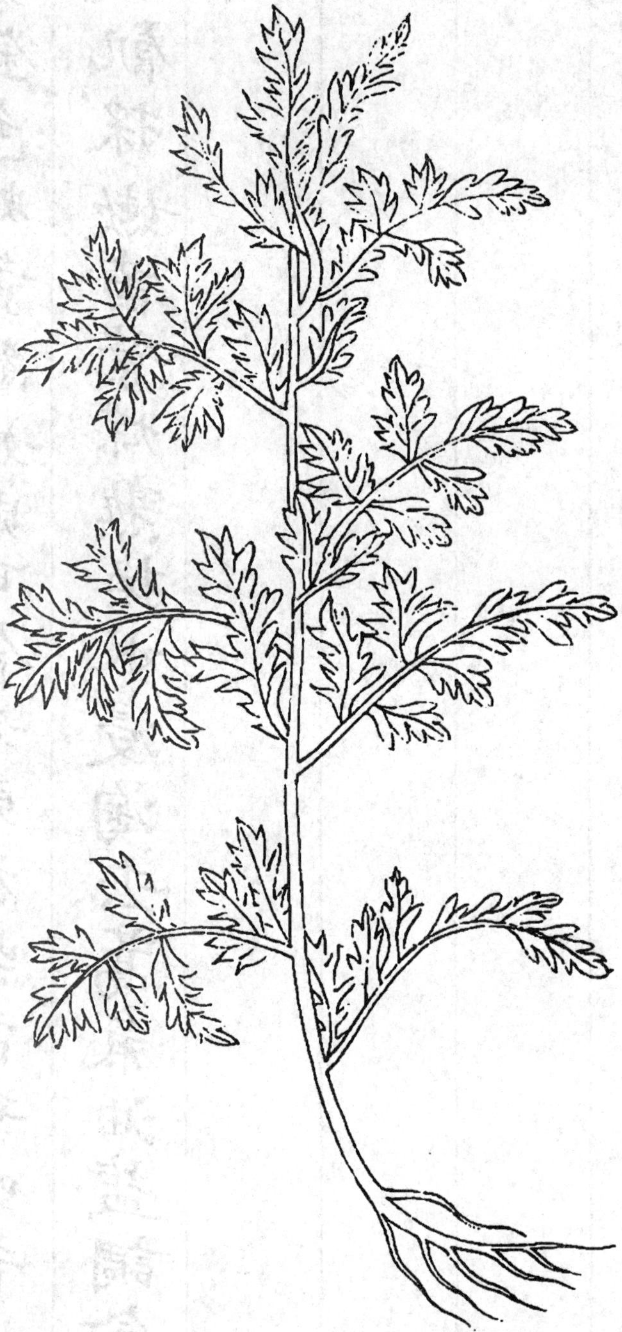

搽娘蒿生田野中苗高二尺許莖似黄蒿莖其葉碎尖茸細如針色頗黄綠嫩則可食老則為柴苗葉味苦

救飢採嫩苗葉煠熟換水浸淘去蒿氣油塩調食

鷄腸菜

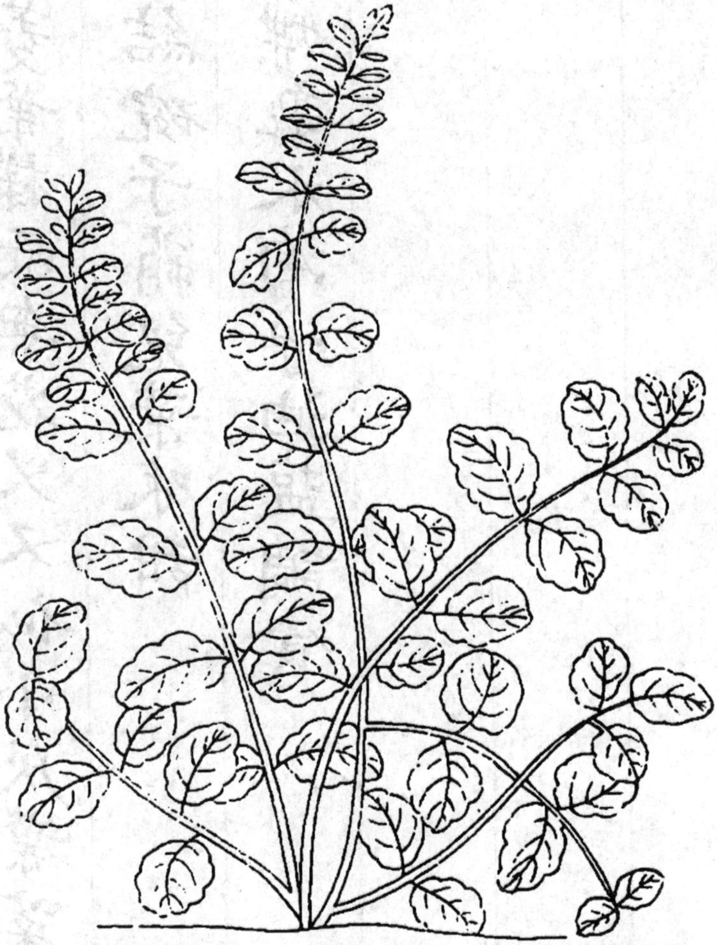

鷄腸菜生南陽府馬鞍山荒野中苗高二尺許莖方色紫其葉對生葉似菱葉樣而無花义又似小灰菜葉形樣微匾開粉紅花結碗子蒴兒葉味甜

救飢採苗葉煠熟水淘淨油鹽調食

水葫蘆苗

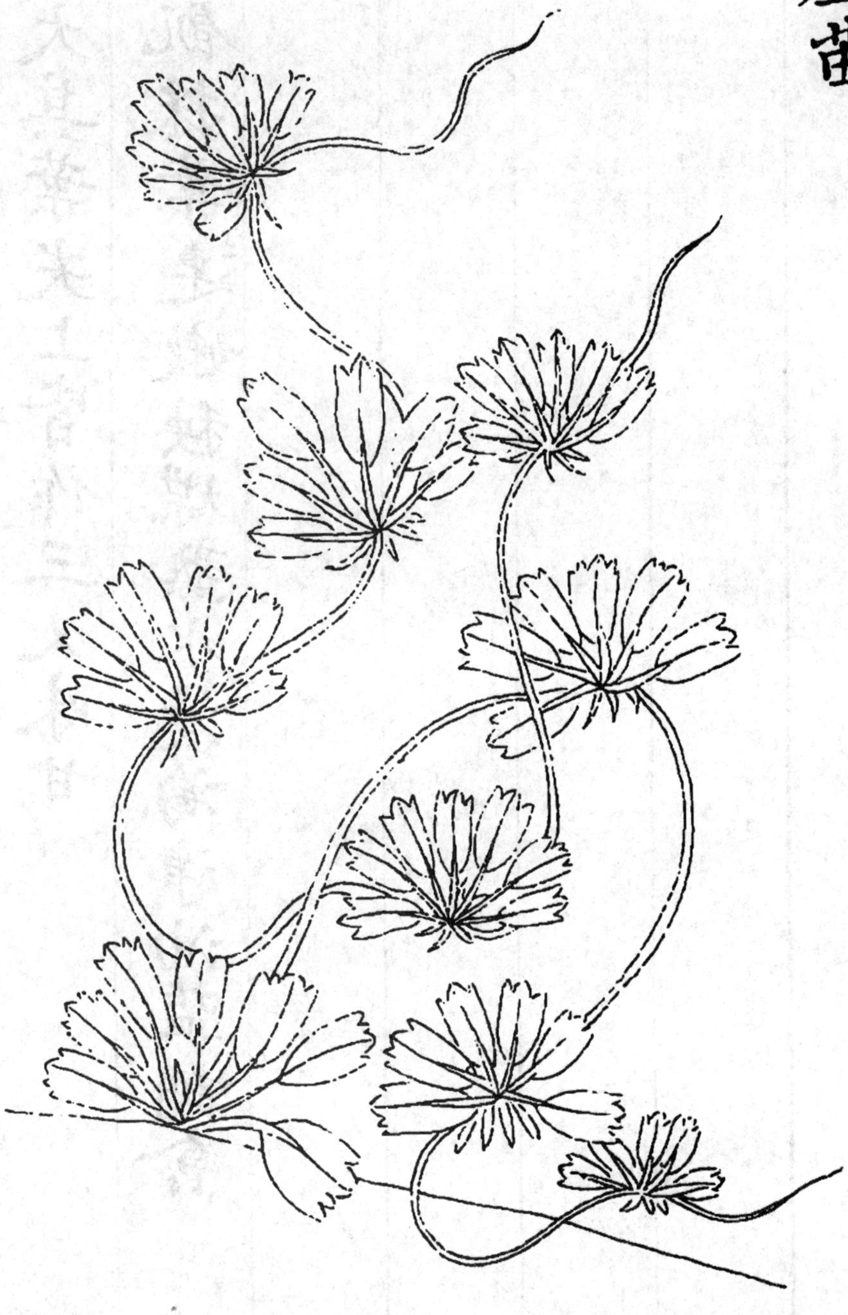

水葫蘆苗生水邊就地拖蔓而生每節間生四葉而葉如指頂大其葉尖上皆作三乂味甘

救飢採葉連嫩秧煠熟水浸淘淨油盐調食

胡蒼耳

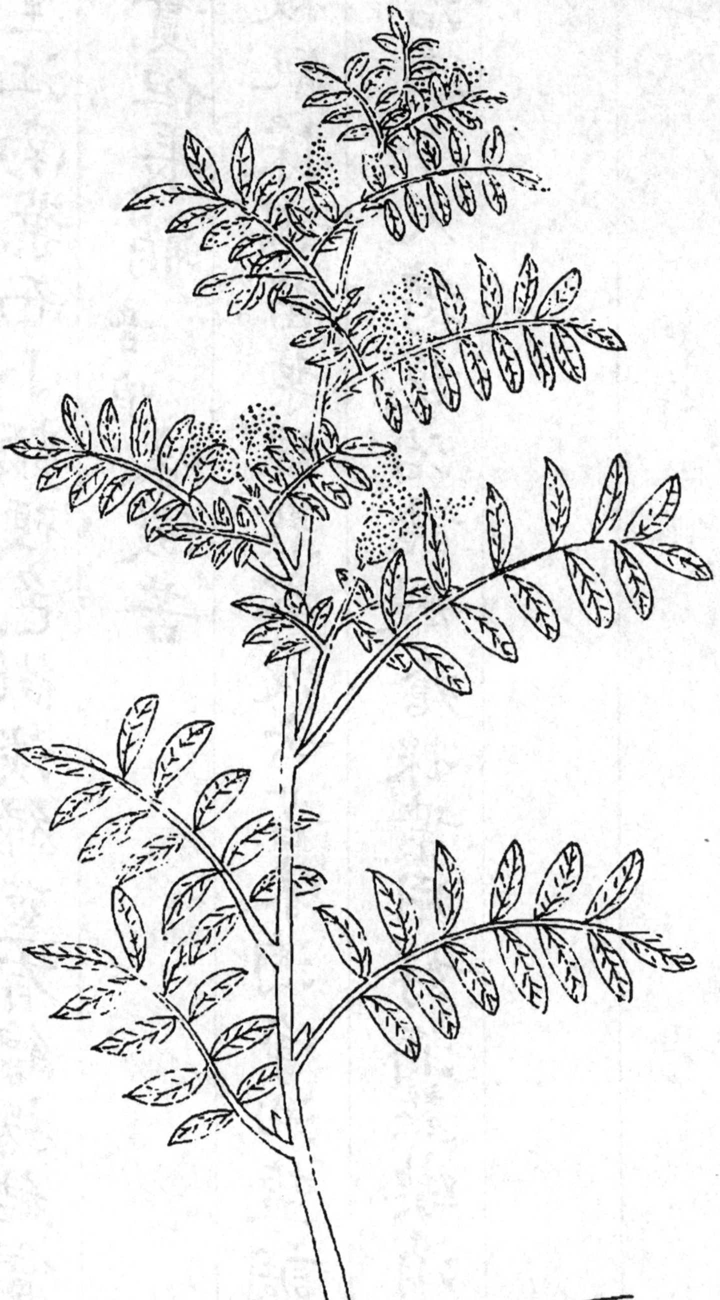

胡蒼耳又名回回蒼耳生田野中葉似皁莢葉微長大又似望江南葉而小頗硬色微淡綠莖有線楞結實如蒼耳實但長艄音哨味微苦

救飢採嫩苗葉煠熟水浸去苦味淘淨油鹽調食

治病今人傳說治諸般瘡採葉用好酒熬喫消腫

水辣針苗

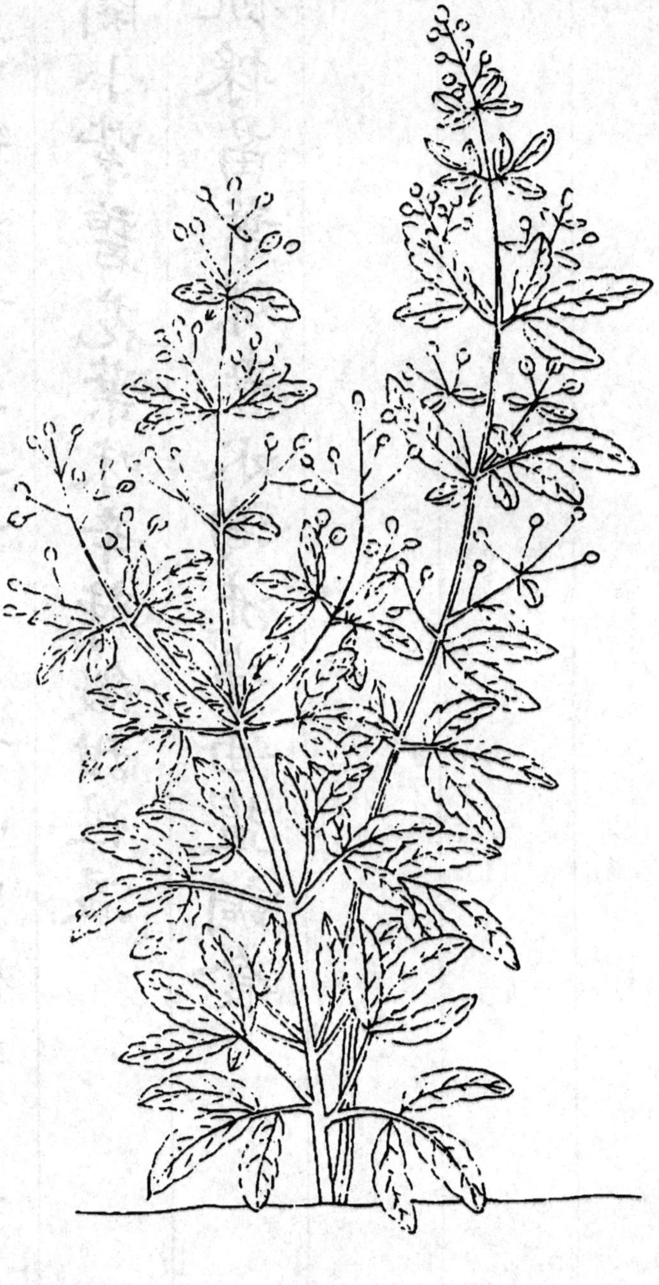

水棘針苗又名山油子生田野中苗高一二尺莖方四楞對分莖叉葉亦對生其葉似荊葉而軟鋸齒尖葉莖葉紫緑開小紫碧花葉味辛辣微甜性温

救飢採苗葉煠熟水淘洗淨油鹽調食

沙蓬

沙蓬又名鷄爪菜生田野中苗高一尺餘初就地婆娑生後分莖又其莖有細線楞葉似獨掃葉狹窄而厚又似石竹子葉亦窄莖葉梢間結小青子小如粟粒其葉味甘性温

救飢採苗葉煠熟水浸淘凈油盬調食

麥藍菜

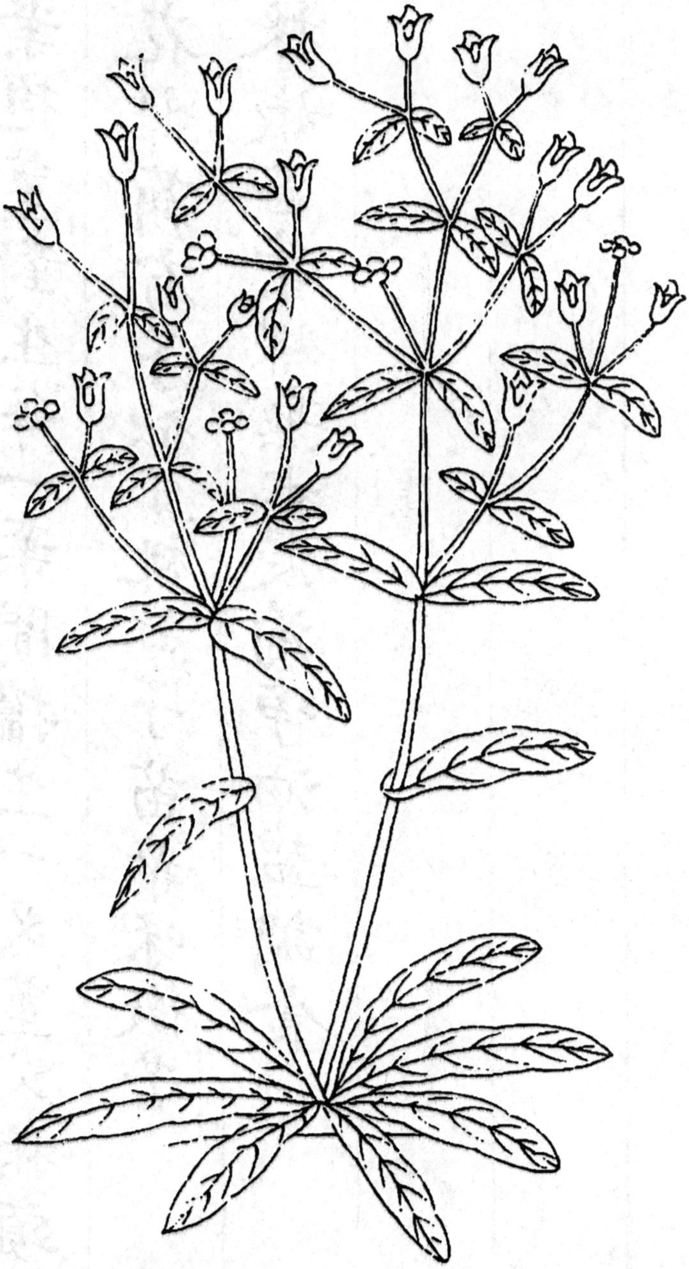

麥藍菜生田野中莖葉俱深蒿苣色葉似大藍稍葉而小頗尖其葉抱莖對生每一葉間攛生一乂莖乂梢頭開小肉紅花結蒴有子似小桃紅子苗葉味微苦

救飢採嫩苗葉煠熟水浸淘淨油鹽調食

女婁菜

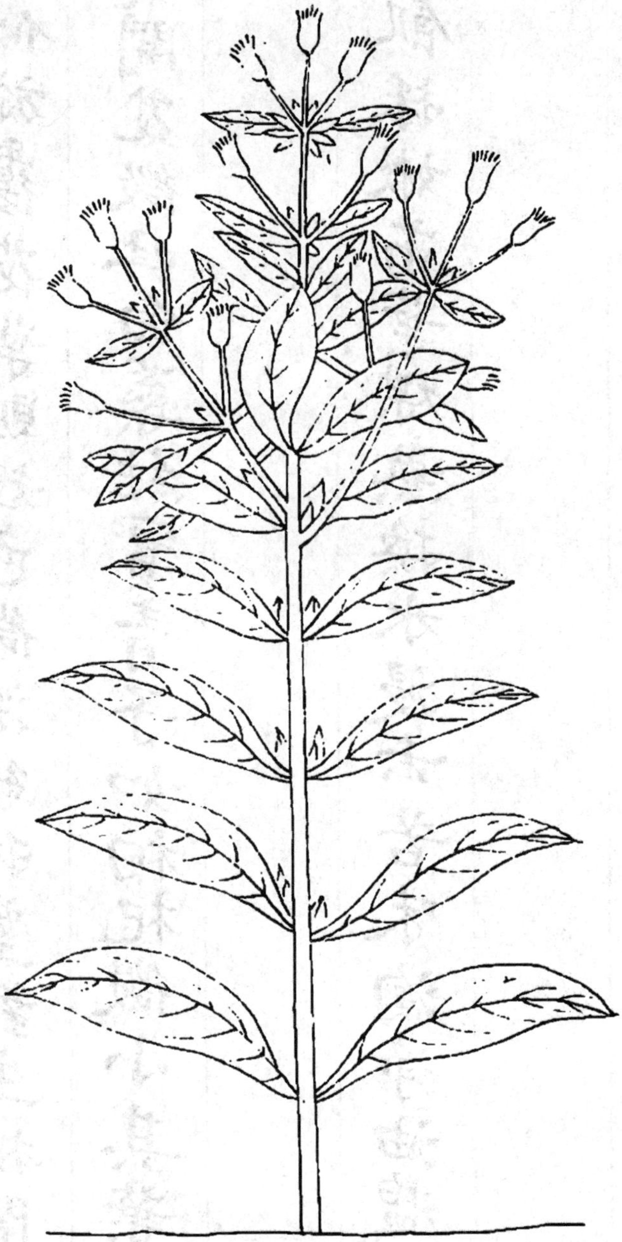

女婁菜生密縣韶華山山谷中苗高一二尺莖叉相對
分生葉似旋覆花葉䩄短色微深綠㧗莖對生梢間出
青蓇葖開花微吐白蘂結實青子如枸杞微小其葉味
苦
救飢採嫩苗葉煠熟換水浸去苦味淘浄油塩調
食

委陵菜

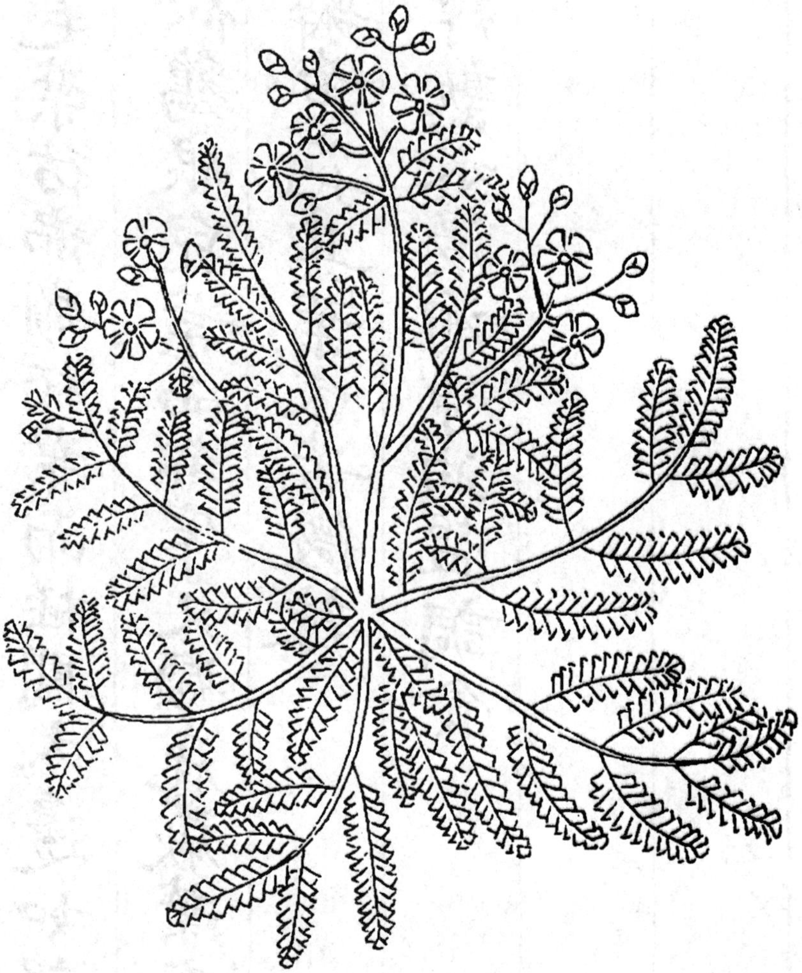

委陵菜一名翻白菜生田野中苗初搨地生後分莖叉莖節稠密上有白毛葉彷彿類柘葉而極闊大邊如鋸齒形面青背白又似雞眼兒葉而却窄又類鹿蕨葉亦窄莖葉梢間開五瓣黃花其葉味苦微辣

救饑採苗葉煠熟水浸淘淨油鹽調食

獨行菜

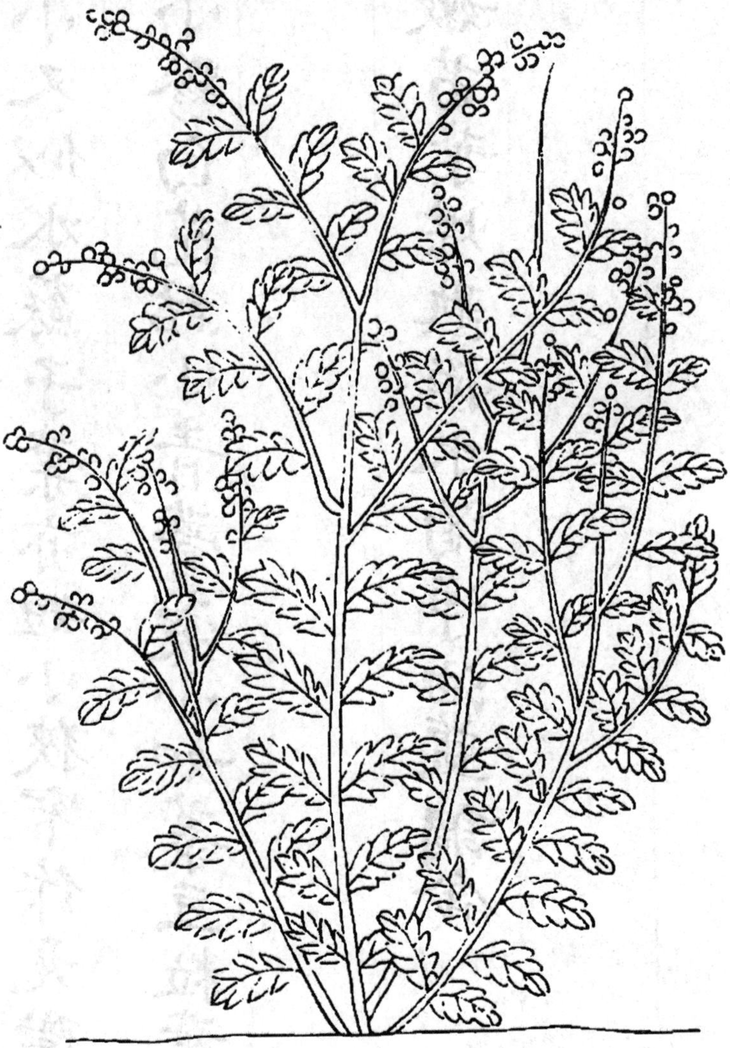

獨行菜又名麥稭菜生田野中科苗高一尺許葉似水棘針葉微短小又似水蘇子葉亦短小狹窄作瓦隴樣稍出細葶開小黲白花結小青蓇葖小如菉豆粒葉味甜性温

救飢採嫩苗葉煠熟換水淘淨油盐調食

山蓼

山蓼生密縣山野間苗高一二尺葉似芍藥葉而長細窄又似野菊花葉而硬厚又似水胡椒葉亦硬開碎瓣白花其葉味微辣

救飢採嫩葉煠熟換水浸去辣氣作成黃色淘洗淨油塩調食

救荒本草卷二

總校官編修臣朱鈴
校對官編修臣王天禄
謄録監生臣朱錫緻